智识升级

让你的付出有回报

鱼堂主 著

电子工业出版社
Publishing House of Electronics Industry
北京·BEIJING

内 容 简 介

同样在努力，为什么别人进步那么快？这个时代真不缺努力的人，而是缺少看透问题本质、找对方法的人。我们每个人都会受成长环境的影响，积累了很多应对问题的经验和方法。但是，社会本身也在进化，如果还用过去的思维方式解决现有的问题，自然会感觉力不从心。有时候自己很努力才解决的问题，别人随手就搞定了。这背后的差异，其实就是每个人思考问题的方式和对世界规律的理解，以及站在不同层级看到的问题，是不一样的。

本书把我们思考问题的方式和理解世界的角度，重新做了一次系统升级，帮助我们真正做到"让努力看得见"。

未经许可，不得以任何方式复制或抄袭本书之部分或全部内容。
版权所有，侵权必究。

图书在版编目（CIP）数据

智识升级：让你的付出有回报 / 鱼堂主著. —北京：电子工业出版社，2022.4
ISBN 978-7-121-43207-1

Ⅰ. ①智… Ⅱ. ①鱼… Ⅲ. ①思维形式－通俗读物 Ⅳ. ①B804-49

中国版本图书馆 CIP 数据核字（2022）第 052418 号

责任编辑：张月萍　　　　特约编辑：田学清
印　　刷：三河市双峰印刷装订有限公司
装　　订：三河市双峰印刷装订有限公司
出版发行：电子工业出版社
　　　　　北京市海淀区万寿路 173 信箱　　　邮编：100036
开　　本：720×1000　　1/16　　印张：14.25　　字数：216 千字
版　　次：2022 年 4 月第 1 版
印　　次：2022 年 4 月第 1 次印刷
定　　价：59.00 元

凡所购买电子工业出版社图书有缺损问题，请向购买书店调换。若书店售缺，请与本社发行部联系，联系及邮购电话：(010) 88254888，88258888。
质量投诉请发邮件至 zlts@phei.com.cn，盗版侵权举报请发邮件至 dbqq@phei.com.cn。
本书咨询联系方式：(010) 51260888-819，faq@phei.com.cn。

一代青年的迷茫背后，是被过载信息毁掉的思考能力

先提一个问题，你是一个爱学习的上进青年吗？

你的一天是如何度过的？看看下面这个场景是不是很熟悉。

早上醒来一边刷牙，一边打开音频。带着早餐出门，耳机里已经响起了听书内容。到了地铁上刚找好位置，马上打开几个喜欢的微信公众号阅读。

中午吃饭和休息的时间，再打开一个网络课程。下班回家的路上，又把今天更新的专栏听一遍，想想怎样再提升一下认知，看看如何才能实现财富自由。

终于，在收获满满的一天中入睡，幻想着很快就拥有知识了。

在一线城市生活和工作的压力很大，你生怕自己跟不上社会的发展，开始对信息产生过度焦虑，总是担心被同龄人超越、抛弃，怕有什么事别人知道自己却不知道。为了缓解焦虑情绪，你每天强迫自己阅读大量信息，在获取知识的路上疲于奔命。

经过长期的学习和训练，你只掌握了两个技能：一个是收藏，另一个是转发。收藏的文章已经超过 200 篇，却从来没有打开看过。而信息又在不停地被制造出来，它们终究会把我们淹没。

除了自己主动学习，还有大量的信息侵入我们的大脑。最后，因为接收的信息过多，没有时间过滤和思考，只能任由信息充斥大脑。

当你认为自己在努力的时候，你只不过是各种知识付费软件眼中的"羔羊"。

1

在"时间的朋友"年会上，罗振宇提到一个观点——国民总时间，每个人的

智识升级
让你的付出有回报

时间和注意力是有限的，现在行业中的竞争就是对注意力的抢夺。

每年有十几万本书出版、上百部电影上映，各种综艺真人秀、明星八卦、微博热搜，还有到处充斥的自媒体热点文章。它们只有一个目的，就是尽量让你对其花费更多的时间。就算你不看综艺节目，也会被其他游戏、知识付费视频、线下分享视频填满。

除了信息被大量制造，更加重要的一点是，越来越浅薄的信息开始流行，情绪化的内容开始蔓延。人逐渐无法接受深刻、有逻辑的内容，最好只表达一种情绪，看了叫个好，然后评论、转发一番。

至于看书就更别提了，看书也要求速读，最好别耽误我的时间，给我"干货""精华"就可以了。一篇文章写完，不能有太多道理让人读不懂，最好写几个故事再加上几个金句，感觉读完有收获才是好文章。

李敖当年对蔡康永说："你可惜了，这么有才华却用在娱乐上面。"

我知道的几个作者其实很厉害，我问他们为什么明明有能力还是写那么"水"的文章。

他们的回答也很现实，因为写得有深度了就没人看，大家就是喜欢看这样的内容。

最开始写的分析文章，只有几十次的阅读量，后面写一些情绪故事，穿插一些段子，能有几十万次的阅读量。在这样的环境中，有多少人能坚守自己？

如果是你，你会怎么选？

信息网络在带来便利的同时，也在驯化着我们对信息的理解。

你可以问问自己：每天看到的信息有什么意义和价值？这些信息可以让自己的行动更加明智吗？自己会因为这些信息改变生存能力或提高工作效率吗？

如果没有，那你已经陷入信息过载的困境，这样的努力只会让你更加焦虑。

2

感觉每天被各种浅薄的信息"侮辱"智商。

现在,隔几天就爆出一个信息,然后连续反转几次,使自己失去了信息识别能力,只能看各种"大V"的观点。今天看这个观点觉得讲得对,明天看另一个相反的观点也觉得有道理,到底应该相信谁,你已经没办法独自做出判断。

是你已经无法区分信息,还是你只想接收这样的内容呢?

我生活在大城市边缘,一般不怎么去市内,近期去了一趟体验深刻,乘坐地铁时一直被挤压在角落里,周围充斥着各种电话声和汗臭味。你问我有什么思考,对不起,我什么想法都没有,只想此刻有一个东西让我暂时忘记眼前。关键时刻,一个小说创造的虚拟世界可以"救命"。

在日本电视剧《无法成为野兽的我们》中,主角每天忙于各种工作,还会被不停地压榨,他们自称"社畜"。其实,没有强大的内心,连做"社畜"都困难。

上班特别累,下班不想动,工作已经很辛苦了,回去根本不想再动脑子。

你慢慢开始接受廉价的快感,不是真的开心,只是需要笑。

这个时候,消费内容已经无所谓了,只要像条件反射一样,看一眼笑一下就够了,你只想放松一下。就这样,各种娱乐软件应运而生。慢慢地,大家各取所需,这些软件专门提供搞笑的内容,观众负责刷一页、笑一下。

简单的快乐太容易获得,反而对真正的快乐失去感知能力。比如,你越来越关注将照片发到朋友圈时别人的反应,而不在意自己拍摄时愉悦的心情。很多人都陷入虚拟快乐,大家一起消磨更多的时间。

很多人经常被短、浅、快的信息影响,稍微难一点的内容就看不进去,又不甘心自己变成"废人",只能不断地索求"干货"、秘籍、方法,为此创造了一个知识付费市场。他们无法做到自己从书中获取知识,想学东西需要别人整理好精华、标注好重点,自己看完觉得学到了很多。

你说自己很辛苦，不想动脑，这个可以理解。

最可怕的是，习惯了简单、刺激的获得之后，再也没办法做需要专注才能有所收获的事情了，而隐藏在表象背后的是正在被过载信息毁掉的思考能力。

3

之前的相声在铺平垫稳后才有一个"包袱"，现在却要求开头就有笑点，因为观众不想等了。

人的适应能力很强，当你习惯即时反馈时，就再也不想等待了。而且，对快乐的要求也越来越高，当初挠一下就笑，现在需要用棍子才有感觉。

那些需要付出很多才有反馈的事，将离你越来越远，如阅读之后获得的满足感。现在说自己的爱好是读书，都有人觉得不正常了。说到要学习，如果不先列明学完有什么收获，很多人根本不愿意行动，如今的学习更像在做生意。

这样下去有什么坏处？

很明显，你正在失去作为人类的根本能力——思考。低级、高频的刺激，过多的信息侵扰，正在像温水煮青蛙一样于无形中伤害着你。

每天被过载的信息包围，会造成什么后果？

☞ 没空去行动了

之前有个学员向我咨询行动问题，每个问题我都认真回复了。结果一个月后，他还在到处找方法。

我经常说，方法不需要太多，关键是要去做，每天到处找方法、找"干货"、看分享，从来不去行动，只在大脑里"跑步"，当然没有效果。

最烦的是什么事都不去做，整天问"怎么办"。

道理知道得再多，也要去实践验证。以为自己看了就懂、学了就明白，这只是自我欺骗。

每天追逐"干货"和方法的人，已经没有多余的时间去行动了。恰恰行动才是最重要的，没有人能靠买乐谱成为钢琴家。

☞ 没空去思考了

之前我做过一个微信公众号，刚开始写很兴奋，每天努力更新，写了一个月还是只有几十次的阅读量。

于是，我开始到处找"涨粉"攻略、公众号运营的十大诀窍等。结果越学习越焦虑，因为我没有抓住问题的本质。后来，一个前辈告诉我，不要浪费时间，首先要有好的内容，其他的都是细枝末节的事。

缺乏思考能力只会越来越浮躁和肤浅，看问题找不到核心。

在一秒内看透本质的人，和花半辈子也看不清一件事本质的人，命运自然是不一样的。

——《教父》

☞ 没空去做正事了

写作对我的影响很大，让我明白很多道理，我现在已经越写越顺手了。

刚开始的时候，我不了解一个领域，总觉得写不进去。在网上学习花了不少钱，但写作水平还是没有提升。

在阅读并对比大量好文章后我发现，写作是建立在大量的知识积累、素材搜集、深度思考、反复修改的基础之上的。而我学的一直都是"花架子"，每天花太多时间关注排版、配图、字号这些。

想提高写作能力，只要老老实实看书、认认真真练习即可。

如果靠做好排版、配图、字号就可以成事，那这件事也没有竞争力，不值得去做。

做正事就是去做正确的事，很多人容易被眼前的一点小事改变和影响。那些表面吸引人的文章，会让学习的人有进步的感觉，就是这样的感觉，正在让大家远离重要的事。

千万不要本末倒置，要认清事情的本质是什么。

我写这本书的初衷，就是对成长进行一次完整的梳理，让自己逃离浅薄信息的影响，让智慧和见识回归，拥有自己的判断能力和信息识别能力。

做一个对自己负责的人，做一个能独立思考、有主见的人。

怎样成为这样的人呢？

4

任何进步都需要付出努力，任何轻松的获得都是感觉而已。

为什么很多人热衷于获取信息？因为获取信息这个动作让人有满满的收获感。当然，这只是一种廉价的快感，真正的进步是建立在思考和练习上的。离开舒适区行动并不容易，挑战自己、面对现实需要勇气。

在信息过载面前，你本该是自己的主人，却成了信息的"奴隶"。

如果你认可这个理念，下一步就应思考该如何避免这种情况。

像海绵一样吸收所有信息，或者对所有信息都开始抗拒，这都是不对的。

到底该怎么办？

☞ 设置淘金分级模式

如果刷到的信息都接收，就会带来信息过载；但如果什么信息都抗拒，又变成了"信息孤岛"。这两种做法都不可取。

设置淘金分级模式，就是先对信息进行筛选。

把娱乐和学习分开，学就认真学，玩就好好玩。我们可以把信息分为以下三类。

消遣类：闲来无事消磨时间的内容。要知道自己在干什么，不要把娱乐当作学习。这一类可以刷掉 70% 的信息。

学习类：自己现阶段需要的知识、崇拜的行业"大佬"产出的内容，以及一些可以提高智识的书。这一类只有 20% 的信息。

思考类：对自己有重大启发、对人生有指导价值的内容。这一类需要重点阅读，我甚至会打印出来反复拆解成自己的知识。

☞ 设置信息入口

信息主要通过媒介传播，而这个媒介就是你的信息入口。

只要把入口管控好，信息的流量自然也能控制了。比如，你写了一篇文章，因为观点比较特别，很多不理解的人在评论里骂你。这个时候，你关闭了评论，就是关闭了信息入口。

在面对信息过载时也是同样的道理。如果你的生活被信息充斥，就一定要严控信息入口。

比如，一些无用的节目、网站内容，还有疯传的朋友圈热点，这些都可以关闭。

只选好书、信得过的媒体、有思考的自媒体博主，就足够你获取一切信息了，而且一定不会错过什么。

☞ 设置信息警戒线

好内容是读不完的，你对好内容必须有深刻的认识。

我相信有很多优质内容存在，而我们也确实看不完。千万不要觉得没看有什么损失，我是在2020年才开始接触自媒体的，之前也不看公众号内容，那么多好文都没看，我也没觉得自己错过了什么。

为了避免只收藏不阅读，一定要给自己设置信息警戒线。反正好内容是读不完的，不要做"饥饿的仓鼠"，拼命地往嘴里塞食物，根本不管自己有没有吃完。

如果不设置信息警戒线，那很快又变成只收藏不阅读了，更别提看完有收获。所以，当收藏的内容和知识高于信息警戒线时，一定要执行清理政策，看不完不能再有新信息加入。

我们为什么要获取信息，就是要把它们变成可以指导行动的知识。

智识升级
让你的付出有回报

所以，信息只是成长的手段，不要为了追求信息而活。

不要让自己成为信息的"奴隶"。

这个世界如此有趣，等着我们去探索，在这个世界上我们不是为了复制别人而活。比开心更高级的体验是了解，了解这个世界的本质，因为这个真实的世界太有意思了。

未来，会有越来越多的信息出现。到那个时候，你是选择进入信息世界获取廉价的快感，还是选择探究这个美好的世界？

我们可以平庸地生活，但要做一个有思考能力的人。

这样特别好。

回复"升级"，免费领取 10 堂精进课

目录

第一章　成为一个会思考的人

1.1　你拥有系统思维吗　2
1.2　眼光有多远，脚下的路就有多远　12
1.3　常识像一把枷锁囚禁了我们　20
1.4　让思维更加深刻，只需要一个方法　24
1.5　你能正确地认知这个世界吗　29
1.6　一个人的提问水平体现了他的价值　33

第二章　千里之行，始于足下

2.1　只有落地才能生根发芽　38
2.2　承诺是行动的助推剂　41
2.3　通过刻意练习，你也可以成为高手　46
2.4　离放弃自己只有一步之遥　53
2.5　扫清前进的障碍，助你一路畅通　57

第三章　成长的烦恼

- 3.1　四把武器帮你抵御诱惑　　63
- 3.2　激励自我，重拾兴趣　　69
- 3.3　坚持五件事，带你走出迷茫　　73
- 3.4　不再委曲求全，轻松拥抱生活　　78
- 3.5　和一团糟的日子说再见　　83
- 3.6　人生最大的失败是无法控制负面情绪　　87

第四章　情商是人生宝贵的财富

- 4.1　争辩让一切变得更糟糕　　92
- 4.2　学会开口的技能　　97
- 4.3　提意见没你想象得那么简单　　101
- 4.4　让别人心甘情愿接受你的拒绝　　106
- 4.5　成为高情商人士的必修课　　110

第五章　学习让我们变得更强大

- 5.1　怎么学习才能有效果　　116
- 5.2　学以致用才是学习的目的　　122
- 5.3　看清学习的本质　　127
- 5.4　告诉你一个管用的阅读方法　　132

第六章　职场生存法则

6.1　职场上的说话经　141
6.2　如何利用业余时间提升自我　147
6.3　站在职场的十字路口　153
6.4　快速进入工作状态的诀窍　159
6.5　性格内向也可以在职场中绝地反击　163

第七章　钱袋子的秘密

7.1　赚钱的正确姿势是"躺赚"　167
7.2　要想成为富翁，你需要具备经济学头脑　172
7.3　增加第二收入的方法，你一看就会　178
7.4　不会变现，那你就亏大了　182
7.5　经验影响你的财富　186

第八章　登上成功之巅

8.1　成功的要素你都具备吗　192
8.2　普通人的崛起之路　196
8.3　学会选择，不走冤枉路　201
8.4　不会分配精力实在是太痛苦了　207
8.5　只有放下过去，才能拥抱未来　211

第 一 章

Cognition Upgrade

成为一个会思考的人

智识升级
让你的付出有回报

1.1　你拥有系统思维吗

有些人时常为生活中面临的种种问题而苦恼,他们总觉得自己不能独立思考,于是好奇聪明的人是如何思考这些问题的。

在生活中困扰我们的问题往往看似很严重,但其实很简单。

比如,一个不懂管理的人把公司管理得非常混乱,眼看客户纷纷中止合作,订单数量锐减,公司都要撑不下去了。这个时候该怎么办?

可以有以下两个办法。

第一,把公司的管理者替换掉,找个懂行的专家来。

第二,和已经丢失的客户好好沟通、解释,重新建立起商业往来。

这样的问题解决起来很简单。而且这种思考问题的思维方式更简单,就是我们熟悉的"抓坏人"模式。问题的出现一定是由"坏人"引发的,只要我们把"坏人"抓住,一切问题都将迎刃而解。

这种思维方式就是传统的线性思维,也就是我们常说的"因果关系"。有因就有果。找到导致这个问题的原因,对应的问题也就解决了。

可是,这种思维方式并非包治百病。因为生活中并非所有事情都存在明显的因果关系,甚至有的时候我们无法挖掘出隐藏在问题背后的"坏人"。遇到这种情况的时候,我们该如何是好?

那些复杂的问题不只是由某一个因素影响的,而是多重因素共同引发的结果。

当我们单独剖析每个因素时，并不能寻找到导致问题出现的根源。这个时候就需要我们从全局和整体的思维视角来看待问题，不只是盯着问题本身，而是建立起不同因素之间的联系，从而发现引发该问题的真正原因。

这听起来有些绕，但是并不复杂，我举一个例子来帮助大家理解。

比如，你看到屋子中的地上有积水，以为是有人不小心洒在地上的，马上就想用拖把把它拖干净。

但事实可能不仅于此。也许是屋内返潮、屋顶渗水，抑或是水管开裂等诸多原因造成的地上出现积水的现象。

要想发现问题的真相，需要从全局的角度看待问题，进一步找到引发问题的真正原因。这样做就不会出现头痛医头、脚痛医脚的情况。只解决表面问题并不是真正地解决了问题，没人能保证一段时间后不会重蹈覆辙。

道理听起来往往简单易懂，可我们又该如何在生活中应用这种思维方式呢？接下来我将和大家简要介绍系统思维并利用它解决生活中的问题。

一、学习系统思维的 3 个好处

第一，让我们能不再运用单向思维，而是从不同的角度看待问题。

"塞翁失马"的故事想必大家都早已耳熟能详。这就是一个从不同的角度看待问题的例子。它告诉我们此时的坏事从另一个角度思考也有可能成为未来的好事。

这听起来有点像自我安慰，但其实也是客观事实，只不过是从其他角度观察问题而得到的结论罢了。

延伸到所有问题上，它们都存在对立面。只要凡事都考虑一下与我们相对的反面，就能迈出摆脱单向思维的第一步。反之，如果我们什么事都只关注问题的一面，而忽略问题背后的一些本质因素，这样哪怕解决了目前的困境，也不过是把问题延后了而已。

就好像一栋房子摇摇欲坠，我们临时找来一根支柱支撑着，虽然眼下房子不会在我们面前倒塌，但问题依旧没有解决。若是危房没有得到及时修缮，化作废墟不过是迟早的事情。

因此，大家要记住一点，没有真正解决的问题待到来日一定还会出现。

而系统思维就是为了帮助我们转变固有的单向思维而产生的。它能够帮助我们从不同的角度看待问题，从而更有效地彻底解决问题。

第二，我们看待问题时要看清问题的本质，不只是研究问题本身，还要找到事物之间的关系。

有些问题初次接触的时候会让我们感到束手无策。我们知道问题亟须解决，却不知道从哪里下手。

我给大家描述一个经常出现的场景。有人在河边行走，一不小心掉进了河里，而自己就在他落水位置的不远处。如果我们贸然行动，很可能自己也会落入河水中无法自救。那样不但救不了人，自己的性命也可能要白搭进去。

这个时候我们就要找到问题背后的相互关系与作用，通过整体的角度找到真正解决问题的要点。

比如，看到有人落水我们立马想到跑去救人。但从全面的角度来思考，我们的目的是救人，亲自救人行动风险太大，是不是可以先不直接去营救那个落水者，而是呼叫其他人，或者打电话报警？这样也可能带来新的思路。

第三，有了解决方案也不一定能立刻解决问题，因为存在滞后性。

冬天洗澡的时候大家一定都有相同的体验，就是刚开始出水的时候水是冰凉的，打开热水开关后水不会马上变热，要等一会儿才有热水。每次我都要折腾一会儿才能舒服地洗个澡。这个过程就是从打开热水开关到出热水的滞后性。

有些时候看似风平浪静，实则危机四伏。因为问题从出现到产生影响需要一段时间。

再如，某个公司的产品出了问题，导致产品滞销，股价暴跌。其实不但是这个公司，其对应的上游产业也受到了影响，只是信息不能够马上反馈到市场而已。

各个事物之间的相互作用存在时间延迟，而系统思维能够帮助我们看清这期间的延迟现象，从而预知和避免问题的出现。

既然系统思维的好处有这么多，那么接下来我们该继续了解它。

二、什么是系统思维

系统思维是近代才出现的概念。在古时候并没有系统思维，大家都是用线性思维看待问题。

比如，太阳东升西落，从早到晚，一切不是自然本该的因果关系吗？

但是到了近代，随着工业化运动轰轰烈烈地展开，各个部门的分工与合作越来越复杂，我们发现过去简单的线性思维已经没办法更好地解决问题了。经过多年的经验总结，前人才慢慢构建出系统思维的理论框架模型。

多元思维、栅栏思维、多维思维，都是系统思维的一个方面或早期的版本之一。

要想明白什么是系统思维，先要知道什么是"系统"。

"系统"就像社会中的一些组织。比如，学校是系统，公司是系统，外卖平台也是系统。只要满足存在输入和输出两个端口的要求，那它就可以组成一个系统。就好像火车站，每天有人进站乘车，也有人下车出站。一面有人进，一面有人出，就构成了一个简单的车站运输系统。如果只有进，没有出，那便不是系统。系统一定是由两个或两个以上的因素构成的。

既然了解了什么是系统，那么接下来就要讲讲什么是系统思维。

系统思维由要素、关联和目标3个部分构成。

任何系统思维都要满足这3个条件，不然就不能构成一个完整的系统。我们以后使用系统思维分析问题的时候，就可以先找到它的各种要素，然后梳理要素之间的关联和目标，最终挖掘出影响最大的根本要素，只要解决它就可以解决系统问题。

第一，系统由各种要素组成。

比如，学校并不是一个具体的物品，它由学生、老师、教学楼、课本等要素组成。其中每个要素都不是最重要的，但都是不可或缺的。

第二，要素之间要存在关联。

在学校里有同事、同学、师生等关系把那些要素串联在一起。如果要素之间没有关系，那将是一盘散沙。

第三，系统内要有一个功能或目标。

学校的目标就是教育学生，而公司的目标则是赚钱。不可能说今年教学成绩优秀，明年学校就不招生了；也不可能说今年营业利润高，明年公司就不想赚钱了。你会发现，系统最终的目的是完成一个持续性的目标，而不是固定的目标。系统的作用就是使目标平衡地持续运转下去。

要想挖掘出系统的功能或目标，就要跳出局部因素，从结果倒推出它的真正目的。

系统思维不是为了解决某个问题而总结的方法，而是教我们看待问题的思路。它并没有明确针对的问题对象，而是一个问题分析的框架。这帮助我们不仅能看到问题本身，还能观察到导致问题出现的真正原因。

到这里我基本描述了什么是系统思维，但想要完全掌握并使用它，还需要明白使用系统思维的两个关键要素。

三、使用系统思维的两个关键要素

系统是由不同要素相互关联和影响而产生的结果。就像齿轮组一样，一个开始转动会带动另一个也同时转动，最终让整个机器运转起来。

要想使用系统思维，必须明白这些要素之间的关联产生了什么结果，以及它们是如何相互影响的。

这里就要提出两个概念：增强回路和调节回路。

首先讲讲什么是回路。

举一个例子，麦克风和音响之间就可以构成一个回路。你对着麦克风讲话，同时由音响传出声音，紧接着音响的声音又被麦克风接收，再由音响传出，如此往复。这个过程就是回路。

再举一个简单的例子。我与你之间发生争执，我突然打了你一拳。你更加生气，于是回了我一拳。我感觉到疼痛，便又打过去一拳。你自然不会束手待毙。这样我们就从一开始的争执演变成了斗殴。

一个原因导致了一个结果，而这个结果又反过来影响原因，这就是回路。

这里的核心要素就是反馈的问题。我打你，你就打我；我夸奖你，你也会夸奖我。

而反馈的方向造就了增强回路和调节回路。接下来我将分别说说增强回路和调节回路。

反馈效果好就是增强回路。通俗地讲，就是一件事情愈演愈烈。

增强回路也不一定都是好事。它只是表明一件事情造成的效果正在不断地放大。比如，吵架和夸奖的程度都可以越来越厉害。因为它们都处在增强模式中，可以变得越来越好或越来越差。

一般来说，正反馈增强回路是最好的。比如，一棵小树通过你的浇水和施肥，获得养分后就生长得很快。而这棵小树生长得越快，所吸收的养分也就越多，吸收的养分越多，生长得就越快。这个过程就是正反馈增强回路。

再以写作为例。我写一篇文章很辛苦，获得了读者的赞赏之后很开心，而这些开心的情绪让我更加有动力继续写下去。因为坚持写作，文章越写越好，而这些好的文章又受到更多读者的夸赞。这个过程也是正反馈增强回路。

但是，并非所有事情都一定朝好的方向发展，也可能事情的发展趋势越来越差。增强回路只是一个用来形容的概念，它本身不一定都是好事情。

就像传染性疾病的出现导致了市面上的口罩存在短缺的情况。一旦出现库存短缺，由于害怕以后可能买不到口罩，大家便都去抢购囤货。因此，市面上待售的口罩就更少了，甚至直接出现断货的现象。这些断货的信息传递到消费者耳中，又会增强大家对口罩稀缺的印象。

这个过程就是越买越少、越少越抢。我曾听说有的人有价值几百万元的口罩砸在手里，原价出售都卖不完。

增强回路是系统运转的自然结果。如果出现增强回路导致的趋势与我们预期不符的情况，就需要通过调节回路来解决增强回路的方向问题。

那么，我继续介绍什么是调节回路。

比如，你去接水浇花。开始的时候桶是空的，你就要把水龙头的开关调到最大，这样便可以更快速地蓄水。等到水桶快要接满的时候，为了防止桶中的水溢出，就要把开关调小一些，让出水的速度慢一点。最后装满水桶的时候，你就会关上开关。

控制水龙头开关的方式就是在调节水压。这个过程也就是我所说的调节回路。

在生活中我们经常用到调节回路。比如，客户投诉产品质量不好，要求退货。这就促使公司加强质量管控，从而提高产品的质量。如果没有人投诉质量问题，那么公司的产品质量不会有改善。

有人投诉导致产品质量提高，这个过程就是调节回路。而假如没有人投诉产品的质量，产品因为质量不好而没人购买，没人购买就更没有资本来改善产品质量。这个过程就是增强回路的反馈。

调节回路是解决问题的好方法，而增强回路是把事情做大的好方法。出现了问题就要用调节回路解决，想要做得更好就要用增强回路解决。

在运用系统思维解决问题的时候，还有重要的一点值得我们关注，那就是滞后性。

正是由于滞后性的存在，我们无法马上看到结果。有些事情需要经历一个回路才能给我们带来反馈。

比如，最近你的饭店的客人开始变少了，你通过调节回路发现是因为店面的卫生比较差，客人的用餐体验很差，于是他们不想来这里吃饭。

你根据这个因素进行改进，提高店面的卫生清洁程度。但是客人不是在你打扫完卫生后马上就来的，这个过程需要一点时间。原来的客人从其他人口中听到了有关你的饭店卫生改善的消息，才有可能找个时间过来用餐。

从你处理完卫生问题到客人重新认可，这个过程就是滞后性的结果。

正如我们所看到的，有些事情不是马上就能够得到反馈的，所以我们要避免因为延迟而没有得到反馈最后把事情调节过头的情况。

四、如何使用系统思维解决生活问题

阅读到这里大家一定对系统思维有了基本的认知。那么，接下来就进入实践阶段，看我们如何用系统思维解决生活问题。

在真正开始之前，还有两个概念需要明白，不然就无法发挥出系统思维的真正实力。这两个概念就是存量和流量。

假如你一个月赚 1000 元，生活费 500 元，存款 500 元。那么，在这每个月 1000 元中花掉的 500 元就是流量，而 500 元的存款就是存量。

这听起来浅显易懂，但是很重要。想要用系统思维全面地看待问题，想要用反馈回路解决问题，那就一定要从存量和流量下手。

比如，你给自己定了一个一万元的存款目标，那么你该怎么办？

如果不弄清楚自己的收入和支出是多少，每个月还能留下多少存量，那就很难设计出一个反馈回路。

用流量撬动存量，这就是使用系统思维解决问题的核心。

接下来我们实战一下，看看如何用系统思维解决生活问题。

首先为自己要解决的问题画一个系统循环图，拆分每个要素之间的关系，从而找到调节回路。

接下来就进入实践阶段，分为以下几步。

第一步，准备纸和笔，只要是能拿来画图的都可以。我一般习惯使用电脑上的思维导图来分析问题。尽量保持一个人的环境，这样才不会被打扰，释放出思维的发散能力。

第二步，找到问题。写下目前最影响自己的问题和困扰是什么。如果问题越来越严重，说明是增强回路在起作用。反之，这个问题只要解决一次就可以了。

比如，之前我们做了一个深度阅读的社群。我们想做一个真正阅读的行动社群的原因是，现在市面上泛滥着太多速成教材，充斥着各种成功的方法，导致很多人不能静下心来好好读书。

我们已经做了几期，都是有口皆碑。由于是深度服务，我们的运营成本很高。很多学员都害怕我们的社群会"倒闭"，因为很少有这么真诚、单纯的学习社群存在了。

把问题写出来就是：我们的社群很好，怎么能让更多的人知道呢？

第三步，找到问题的原因。把可能导致这些问题出现的原因都写出来。问题写在左边，原因写在右边。

就我之前写出的问题而言，可能的原因有：加入社群的门槛太高，宣传次数太少，组织结构较为松散等。首先，我们读的都是经典"硬核"图书。其次，作为组织者，我的个性不太张扬，因此宣传方式主要是学员主动帮忙介绍。

阅读有难度门槛，了解又需要时间，宣传少得可怜，才导致知道我们的人很少。

第四步，找到这些问题可能导致的结果。有了结果就可以帮助我们倒推原因并解决问题。

还是来看我们的问题，结果有两个：一个是负面的，另一个是正面的。负面的结果是社群的发展速度缓慢，到最后可能很难坚持运营下去。正面的结果是如果我们坚持展示，保持口碑的传播，吸引到的都是认可度高的客户。

第五步，找到其中的回路。我们要找到影响问题的因素之间的关联，看看问题原因和问题结果之间有没有形成回路，然后把相关因素连接在一起。

如果没有找到它们之间的关联，那就要分辨出它们之间存在正反馈还是负反馈。如果是正反馈，就打一个对钩；如果是负反馈，就打一个叉号。

阅读有门槛，读书有难度，让想尝试的人不敢加入；而那些新人不敢加入就感受不到我们服务的价值；由于服务价值的信息得不到有效传播，我们就会因为生源少而发展停滞；发展停滞就会导致最后无法坚持下去。这个过程就是负反馈增强回路。

如果我们多宣传深度阅读，告诉大家真正阅读经典"硬核"图书并没有那么难，把每天只要阅读 20 页、长期积累价值和如何坚持阅读 100 天的方法分享给大家，那么当大家开始了解之后，就可以打消知难而退的念头了。加之我们一直坚持的过往成绩，大家对于我们的信任感也会与日俱增。这个过程便是正反馈增强回路。

经过以上 5 个步骤，我们最终画出了一个系统循环图。同时，我们也找到了问题背后的调节回路，那就是"加大宣传体验—了解认可价值—更多人的加入"。而正反馈增强回路会让我们的社群越来越好。

所以，从上述案例中不难看出，要想真正地解决问题，就要找到调节回路。

其实，画好系统循环图还有两个关键点。

第一，不要使用动词，要使用名词。因为用动词来表述往往得到的不是系统的结构，而更像在描述一个故事的过程。

第二，要注意连接起来的因素所代表的含义是正反馈还是负反馈。只有区分清楚它们，思考的时候才能做到思路流畅。

另外，从原因指向结果千万不能画反，不然可能陷入思考的误区。

系统循环图可以帮助我们看清问题背后可能存在的增强回路，找到可以调节的因素，让增强回路变成调节回路，从而从根本上解决问题。

只要系统思维出马，很多生活中毫无头绪的复杂问题都会迎刃而解。

1.2 眼光有多远，脚下的路就有多远

人类的思考只为追寻两个答案：

向前思考，挖掘事情的原因和本质；向后思考，探究事情的未来和趋势。

有时候讲课讲得脑瓜子疼，我就会在放松的时候躺在沙发上看比赛。比赛过程中解说人员经常会说一句话，那就是"现在看来胜负已定"。虽然现在比赛还没有分出胜负，不过我们已经知道结果了（不排除偶尔会出现局势逆转的翻盘情况）。这不难看出，在日常生活中我们常常会对一些事情进行预测。

预测就是对事物发展趋势的理解。

一、占得先机才能抵御风险

几年前看《罗辑思维》时，里面提到，"养老院"是未来一定能够赚钱的领域之一，因为中国的老龄化时代已经到来。

但是当时在我看到这本书的时候，说实话自己没有什么感触。因为，第一，我没钱投资；第二，我还没有老。

当然，肯定有人在看到这个机遇后就开始自己的布局了。

布局的事情往往现在不一定能够用得上，等待以后的某一天才会起作用。但布局不是做无用功，这样做的目的就是给自己在未来占一个位置，早做准备。比如，如果你早料到房价会涨成这个样子，那你当时一定会砸锅卖铁地去布局房地产行业。

时常有人懊恼自己为什么没有"早知道"。因此，为了预防下次自己没有"早知道"，我们都应该培养一点洞察趋势的能力。

人们总是不断地错失良机，就是因为走一步看一步，只看到了眼前这点事，至于前方有什么事就不管不顾了。目光短浅已经成为阻碍成功、限制思考的最大原因。

二、"三问法"就是思考未来的最好方法

洞察趋势看起来是一件很难的事情，因为我们总是在事情发生之后才察觉到这是趋势。当我们身处其中的时候，对于身边一点一滴的变化可能并没有明显的感受。

在此我介绍一个每个人都能用的趋势探测法，那就是"三问法"。

看懂趋势最重要的 3 个要素，就是事情、猜测和验证。对于事情的发展得出自己的猜测结果，最后根据事情的演变来验证猜测。如此反复循环，我们思考趋势的能力就会慢慢变强。

养成思考习惯是本能行为。因此，我们需要一点形式化的问题来提醒和帮助自己养成思考的好习惯。

这里有几个固定的问题，在遇到事情的时候可以过一遍。这就是帮助我们启动趋势思考的"三问法"：所以呢？那又怎么样？这样会有什么影响？

"三问法"中本质的思维逻辑是不断地探寻这件事情带来的结果是什么，以及对未来可能造成的影响有哪些。

我们平时的思考只能看到非常浅显的近期结果，对于深远的影响缺乏见识。往往在思考事情带来的影响时，一般就考虑 1~2 步。如果想看到发展的趋势，这是远远不够的。我们至少要考虑 5 步，也就是问自己 5 次那 3 个问题。

了解趋势需要拥有推演深远影响的能力。

三、如何使用趋势思考的方法

每个行业时时刻刻都在发生趋势的变化。这里随意列举几个例子：网购的兴起对于实体店的影响是趋势，外卖的流行对于餐饮行业的影响也是趋势，移动支付的发明对于整个社会的变革更是趋势。

趋势带着周期而来。每个趋势都意味着阶层的流动，也就是说我们这个社会还存在突破阶层的渠道。简而言之，就是我们还有跨越阶层和赚钱的机会。

接下来利用下面这个案例一起通过"三问法"来分析周期和趋势。

就拿广受大家关注的股票市场而言，前几年有这样的新闻报道，说酒鬼酒被检测出塑化剂成分。这是一件让社会震惊的事情。

事情：酒鬼酒被检测出塑化剂成分。

所以呢？

喝白酒不安全了。

那又怎么样？

白酒行业将会受到冲击。

这样会有什么影响？

白酒行业公司的股票会出现暴跌。

巴菲特曾经说过："感性让我关注事件，理性让我选择投资。"

经过趋势分析，推测出可能发生的事情。当这件事情有很大概率会发生的时候，就要赶快抛售有关的股票。

于是，这个行业从上升发展开始进入下滑阶段。有升有降才叫趋势。周期一定会回来，只是时间问题。

四、要想学会看懂趋势，就要学会用逻辑链思考

事情的演变往往离不开逻辑推理最重要的几个要素，如时间、影响、结果等。

趋势在周期里面生长，同时孕育出新的周期，这两个是相互影响的。下面我们接着上面的案例分析。

做到之前提到的 3 步已经很厉害了，但是作为一个趋势的窥探者，我们还要继续往下推演。

白酒行业公司股票暴跌会怎么样？

很多人会抛售股票。

那又怎么样？

股票的价格会很便宜。

所以呢？

暴跌之后会出现新的投资机会。

这样会有什么影响？

在价值低洼的时候，开始买入股票。毕竟很多人是不可能一直不喝白酒的。

就这样一步一步往后进行逻辑推理，最后就可以得到一个未来的结果。

未来的结果是可以指导现在的行动的。我可不是口说无凭，在茅台股价 200 元的时候我就全仓买入了。我不是在这里炫耀，只是想告诉大家，生活中有很多机会，我们每个人都是可以亲身参与的。毕竟股票市场这类公共的投资场所，是对所有人开放的。

只要有机会参加，就有可能获得自己想要的，这就是突破阶层的意义。

只要我们看到趋势，跟随周期，把握机会，就会乘风而起。

如果你觉得这个案例看起来比较远，那我就再讲一个案例。

就像机会一直都在，但是自己不够敏感，找不到机会也做不好。那么，这个

时候我们可以尝试找到大周期，因为大周期里面就包含着趋势。

比如，我相信中国经济一直会蓬勃发展。那么在这个大趋势下，股票市场肯定存在上涨的机会。不懂股票没关系，购买 ETF 定投就可以了。这样也等于加入了国家发展的红利中。

通过分析事情带来的影响、可能发展的方向提前做准备，利用周期的循环给自己找个好位置。

五、利用趋势为自己服务

如果你依然觉得这些思考离你很远，那我就再分享一些个人应用的场景。

我是相信 7 年就要更换一个新的赛道的，也就是说，每隔 7 年你就要找到一个新的赚钱方法。

在刚出来工作的时候，我不懂什么趋势，只是本能地觉得未来在什么地方，自己就往这个方向走。而未来就是趋势所在。

那个时候我在做外贸业务。现在做外贸业务的朋友其实都知道，国内的制造业不太好做。因此，我希望开辟一个新的赛道，这就是事情的形成。于是，我开始使用上面的"三问法"。

事情：希望的方向是开启第二职业。

所以呢？

暂时对第一职业不要有太大的影响，毕竟我还要靠这个生活。

这样会有什么影响？

只能做时间相对自由的事。

那又怎么样？

自媒体写作现在有机会，而且正处于上升的周期中。

其实，通过社会舆论的影响也能看到一些东西。现在各大平台都在争夺优质作者，需求还是很大的。但是这还不够，我还要继续往下想，我需要考虑自己的优势在哪里。我发现自己的优势就是擅长逻辑思考，那么关于写作也就有了方向。既然有了努力的方向，那就坚持写吧。

因此，对于一件事情连续追问 5 次左右，基本上就会得出一个大概的方向。问自己，是深挖自己的需求和能力；问事情，可以让你看到未来发展的方向。看到未来就能看到趋势，明白周期才能理解趋势。

六、如何感知趋势

趋势思考听起来当然简单，毕竟开了"上帝视角"，但是用在自己身上可能就现出原形了。导致这样的原因是，我们身处其中感受不到事情的变化。

就像我们都知道地球是圆的，但是由于身处其中，又感觉地球是平的。同样，我们一直身处趋势里，每天接触同样的事情，就没办法跳出眼前的事物来思考。这样对于我们来说是最难受的。

如果有人给你指明一个清晰的方向，我相信你也可以推算出事情的发展趋势。下面我给大家提供一个方法。

这个方法就是给自己一个锚定，在自己理解的领域里找到一个相对数据，然后以这个数据为基础，用一个固定的数值来反观自己生活的趋势。

比如，我在买股票的时候找到的相对数据就是上证指数。我会以 2000 点左右为基础，这就是我的一个衡量标准。在这个范围内我会尽量多买 ETF，当超过 3500 点的时候就可以抛售一点了。

当然，以上所有的投资案例都是为了举例来说明方法，不构成投资建议。

再如，判断行业是否有活力的标准就是看看有没有继续创新力。如果不断地有人加入这个领域，研发出新的模式和方法，那这就是一个很有活力的行业，你就可以尝试参与一下。

这些都是根据经验寻找到的，不一定要多么准确，就是给自己的感知安一个温度计。

毕竟趋势和周期都是运行状态，如果静止不动那就不叫趋势。

七、趋势思考不是万能的

趋势思考也不是万能的，原因就是有概率的存在。我们在做出猜测的时候，有很多种可能会出现，每种可能都有机会出现，这就是概率问题。这里有绝对论断和概率论断两点内容。

绝对论断就是事情一定会发生。比如，你跳入水中一定会把衣服弄湿。

概率论断就是事情的发展存在多种可能，而我们能够想到的只是其中的一种或几种，往往我们会选择发生概率最大的事情。

在推理的过程中，不同的时间因素还会再次影响和重合，每个推断都会产生新的影响。比如，你在下棋的时候通过推断对方可能的走法做出自己的行动，但对方也会因为你的行动而调整自己的下棋方向。这样前期的推理又要重新开始了，所以我们能够做到预测几步的概率很低。

这里还有一点需要注意，那就是这个推理过程不是无限的，它总会存在一个边界。当我们思考的步数越多时，就代表我们的思维越深刻。

当这个边界出现时，就要注意自己的猜测结果出现的概率已经大大降低了。这个时候就可以停下来，因为概率过低，那发生的可能性也到底了。

如果我们一直推理下去那自己也受不了，而且很容易使自己成为一个空想者。

当推理到概率极低的时候时，接下来需要做的就是等待和验证，看看事情又有了什么新的进展，和自己推理的内容有没有区别，以及事情又出现了什么新的条件，接下来对于结果又将会产生什么新的影响。

推理就是一个动态的过程，概率低的时候就停下来，概率回升的时候就可以继续推理。我们要保持根据事情的进展而调整自己推理进度的灵活性。

要记住，再好的推理也需要时间检验，再厉害的人也不能让生活时间快进。

还有一点不得不提，尽管推理让我们的眼光更长远，对我们的帮助很大，但它也存在一个最大的弱点，那就是如果没有足够的知识，无论运用再厉害的思考方法都没办法得出一个好的结果。

知识可以让我们知道事情是什么，思考能让我们了解事情会怎样发展。常识、专业知识、时效知识都是必备的。知道的知识越多，我们猜测结果出现的概率就越高。

所以说，知识很重要，思维也很重要。知识是支持思维的内功，没有知识支撑，思维只是空想。而思维是施展内功的招式，没有招式内功也无用武之地。

1.3 常识像一把枷锁囚禁了我们

我之前看过一本书,名字叫作《牛津的6堂自我精进课》,里面介绍了一些入门阶段的思考方法。其中讲到,学习思考的第一步就是反常识思考。

常识并不一定是对的。假如我是一个农民,要是跟着常识走,我就应该安心在家务农,而不是出来打工。我认为,存在也不一定就是合理的。在生活中常常有一些因为历史原因而遗留下来的规则,已经在现代社会中失去意义了。

学习思考的第一步就是敢于打破常识。虽然落实到行动中打破常识会受到很多阻碍,但是我们可以从思考开始。思考是自由的,真理也应该经得起逻辑推理的考验。

常识是过去流传下来的大众经验。在某个特定时间段内,有一些知识成功解决了一些问题,于是老祖宗觉得它们很有用,就把它们当作"智慧"流传下来了。接受的人多了,使用的频率也高了,这些知识就变成了社会规范和行为准则。正常人便按照既定的常识行动。

可是常识也不一定都有道理。随着社会的发展和进步,很多过去的常识都成了落后、愚昧的标志,如天圆地方说、地心说等。

这说明常识也是动态的。不同时代、不同时期、不同思潮也会孕育出不同的常识。

所以说,常识就是用来打破的。常识不应成为我们的保护外壳,不应限制我们的进步，想要成长就必须打破它。那些被常识束缚的人将会失去很多机会。

真理不怕考验，同样好的常识也得经得起审视。

思考首先就是要发现不合理的问题，找到它们并解决它们，这样我们才有机会进步。而发现问题的第一步就是反常识思考。反常识是训练批判性思维的好方法。

反常识思考有如下4个步骤。

第一步，试着思考一下常识的相反面。

思维的惯性很可怕，会让我们跟着问题的思路去思考，就好像掉入了一种思维惯性的陷阱中。

思维惯性背后就是常识套路的影响。过去用某个方法解决了问题，大脑就把这个解决过程打包成一种解题工具。当我们再遇到类似的问题时，大脑首先做的便不是思考，而是搜索过去有没有遇到过这类问题。大脑为了节省精力和能量，只是为我们直接提取出这段解题方法的步骤，然后我们就拿着这个套路去解决新问题。从这个意义上讲，大脑实际上是在欺骗我们，让我们以为自己是在思考，其实只不过是在搜索而已。

简单的问题通过常识可以轻松解决。比如，你有一个抽屉是放牙刷、牙膏、护肤品的，用完了就知道去这里拿。可是如果遇到复杂的问题就不行了。如果一直陷入这种惯性，就是一直在不断重复而已。

反常识的第一步就是在接受的同时思考一下，如果不按照常识思考会怎样。

第二步，审视那些由常识主导的行为。

生活中有大量案例都是由常识主导的，而不是主动思考出来的。学习、生活、工作，每个选择都是跟着大众走，什么年纪就要做什么事。

由常识主导的行为，其实不一定是绝对正确的。比如，一定要结婚，一定要在30岁以前生孩子，一定要通过学校学习知识。我们只是因为大多数人认可才觉得它们都是对的，可是这样没有一点逻辑说服力。

第三步，找到应对常识的方法。

常识会带给我们一个结果，而这个结果可能就是一个解决问题的思路。根据逻辑学原理，如果前提条件不一样，得到的结果也不一样。要想独立判断，就得审视这些前提条件。

比如，我们总是认为必须去学校才能学习。然而，突如其来的新冠肺炎疫情就让去学校变成了一件无法解决的事情。这个时候，一种打破常识的解决思路就应运而生了——网络直播授课。

这些方法往往是在问题出现以后我们才不得不接受的，因为它们很有用。但是在问题出现之前我们就没有想到过或无法接受它们。这背后的影响就是常识思维。常识的惯性思维让我们不敢有其他想法，就连批判和审视这一步都不敢迈出。

我们在思考的时候主要应该梳理思路，而不是急切地想要马上把所有问题解决，因为没有人可以做到这一点。要先打破常识，找到新的解决思路，再通过思路指导行动改进，从而解决问题。

第四步，进行新的尝试并检验其效果。

众所周知，疫情影响了正常的社会运转，但福祸相依，同时也诞生了很多新的市场。比如网络直播授课，越来越多的人接受这种学习形式。

其实有些东西我们无法接受，可能只是因为我们不了解它是什么样子的。而反常识思考就是解放创造力的第一步。

现在基础网络已经普及全国，而且上网成本很低，在家就可以上网课，这极大地降低了学习成本。更何况，之前很多人只能听自己的老师讲课，现在居住在偏远乡村的学生也可以学习北大、清华教授的课程。先不说这样的学习模式带来的学习效果如何，起码这是一个接触新东西的机会。有的时候能有机会就已经足够了。

反常识思考就是让我们放下惯性思维，回归到问题本身去思考问题。有些习以为常的解决思路，可能只是在当时的历史条件下产生的。随着社会发展，新的条件不断被创造出来，这也给我们寻找新的解决思路提供了有力支持。

我在这里只是抛砖引玉，希望以此为契机，能让更多人开始审视自己、审视生活、审视思考，明白存在也不一定合理。当一切都习以为常的时候，就不会有任何创新，被常识束缚终将失去机会。

1.4 让思维更加深刻，只需要一个方法

我们常常觉得有些人很厉害，思考问题那么深刻，每次他们的思考都更接近本质，而我们远远想不到这么多。接下来我将帮助你获得深度思考的能力。

一、浅度思考阻碍了你

浅度思考是一般人思维中的局限和弱点。

比如，有一次我跟老板汇报工作，报告最近生产订单很少的情况。老板的几个反问让我佩服他的深度思考能力。

我想到的是最近生产订单很少。而老板告诉我的是，最近生产订单少的原因可能有很多：第一，是不是生产不顺利；第二，是不是业务部接到的订单减少了；第三，有没有客户对订单进行过投诉；第四，公司里的哪个部门最影响生产。

我只说了一个问题，而老板却想到了这么多。这是因为那时只能进行浅度思考的我，思维链条比较短，没办法对比较长的因果链条进行拆解。通俗地讲，就是对事情发生的原因，我只能从最近看到的地方给出直接答案，而那些没有看到的部分则没有思考过。我只看到了表象，而没有看到更深层次的原因，在思考的时候只喜欢从熟悉的地方出发，没有切换到其他视角去看问题。

很多人在介绍一个问题的时候，更多地只能站在自己的角度去讲解，而无法

站在其他人的位置去思考，这样的思考很多都是局限的。

浅度思考的人只喜欢关注眼前的、近期的内容，缺乏长远的规划。他们在同时面对很多信息的时候，没办法独立处理比较复杂的问题，感觉自己的思维能力跟不上，大脑一团乱麻，思考效率自然就会低下。

比如，你准备写一篇文章，在面对很多资料的时候，感觉自己不知道怎么取舍，甚至大脑混乱，连一条主线都找不出来。类似这种情况每个人都会遇到，每天接收了太多信息和各种文章，不知道该看哪些好。

再如，之前我觉得能把一天的内容安排好，就已经很不容易了。那时我每天对时间计划清晰，但是很少做长期的打算，有的时候感觉每天都很忙碌，到了月底一看又感觉什么都没有做。

有时候我们只关注一件件零散的事情，而忽略了对全局的规划。如果能在思考中改善和突破自我，那我们的思维将会更加深刻。

二、思维链条的长度决定你能看多远

思考是一环扣一环的。思维就好像一根链条，这根链条越长，就代表你的思维越深刻。

深刻的思维能力，就是对事物根本原因的深度挖掘。它可以帮助我们推断出事物深远的发展结果。思维链条，就是帮助我们进行深度思考的最佳武器。

我们在写文章的时候就是对思维链条的使用，如一般的写法都是看到一个问题，然后讲一个解决的方法。这类写法一般广泛应用于"干货"类文章。我以前也喜欢这类文章，但是后来觉得这样的思考并不能让我满足。我们仅看到问题的答案是不够的，还要知道是怎么得到答案的。就是在这种想法的驱使下，我才决定自己写，以深层地挖掘问题。

道理谁都懂，但是就是过不好自己的一生，因为我们都知道，怎么做并不能指导自己的生活。就好像我们都知道努力坚持很重要，也知道勤奋读书很重要，但是又有多少人能真的做到呢？大部分人还是到处寻找各种自律习惯养成的"干货"。这些"干货"看起来简单易懂，但其实并不能帮到我们什么。只有知道思考的过程，才能完全理解问题。

通过上面一系列思考，带出很多思维链条。一根长的思维链条可以帮助我们拉出更多的因果链条。下面我给大家介绍一个思考方法——5Why 思考法。

三、5Why 思考法

每个人每天总能遇到一些不同的问题，寻找问题背后的原因已经变成了人人必备的技能。但有的人只能看到表层原因，甚至关注的是错误且无用的原因；而有的人则可以看到更深层次的原因。这就是思维深度的区别。

讲一件我遇到的事情：办公室靠窗户的墙面常因为漏水而掉皮，每隔一段时间就要粉刷一次。

一般人的想法是，如果再出现墙面掉皮的情况，那再粉刷一次就好了。其实这不是思考，而是条件反射，因为你拿出的方案根本没有经过思考。在大部分情况下，我们的思维链条都很短，不能找到问题的本质。

这里就要用到一个简单的 5Why 思考法——对一个问题多次进行追问，直到找到问题的根源。

我们再看上面的那个案例，靠直觉得到的方法就不用多说了。我们继续往下分析原因。

看到这种情况，脑子里产生的第一个问题就是"为什么这里总是会受潮掉皮"。根据这个问题找原因，然后发现其实是因为上面的水管漏水。经过更换水管并重新粉刷，我们的问题得到解决。显然这个方法比直接粉刷墙面要高明得多。

但是使用 5Why 思考法，事情就不能这么结束，还要继续追问下去。下一个问题就是"为什么水管会漏水"。经过调查发现是因为水管的接口经常被撑开。接着追问"为什么水管的接口经常被撑开"。我们发现是因为抽水桶里的水经常过满而溢出。那么，下一个问题就是"为什么会溢出"。我们又发现其实是因为里面的水位监测器坏了。最后，我们更换了水位监测器，这才算真的把问题解决了。这就是追问思考的用处。

四、5Why 思考法的注意事项

不能机械性地思考问题，所以千万别因为看了本文就要对每个问题都死板地问 5 次。至于到底需要问几次"Why"，其实没有具体的答案。问少了就不深刻，问多了就没有尽头。最终要问几次，还得看需要几个"Why"可以把问题变得没有意义。

就好像问为什么墙面会因为漏水而掉皮一样，知道解决的办法就可以了，没必要再继续探究"水对墙面的影响"之类无意义的问题。提问一定要从解决问题的方向来开展。

这里列举两个问题。第一个问题是"为什么会有水浸湿墙面"，第二个问题是"水是如何浸湿墙面的"。明显第一个问题更有指向性，而第二个问题对解决问题意义不大。

我们在问的时候，更多应该是疑问而不是质问。我们最终的目的是解决问题，而不是追究谁的责任，那不属于解决问题的范畴。如果掌握不好 5Why 思考法，就很容易变成质问。疑问可以引发思考，而质问只会带来推脱。

比如，在和同事处理公司问题的时候，因为同事报价算错了，导致公司蒙受损失。这个时候你要是质问同事，得到的往往只会是一个内疚的答案，对于解决问题毫无意义。如果想解决问题，还是要关注事情本身，如既然报价算错了，那我们可不可以重新报价？倘若报价损失不可挽回，那我们可不可以延期交付？为了避免出现类似的问题，我们可不可以改进审核工作流程？有什么样的提问，就会带来什么样的思考，同样也会得到不同的解决方法。

正确的提问不应该带有情绪，而是应该多关注事情本身，少去审问个人。

五、深刻的底层思维是成功的重要因素

深度思考可以给我们带来很多好处，而思维链条的延长是深度思考的最佳表现。

延长思维链条最简单的方法就是 5Why 思考法，它可以帮助我们找到问题的本质。我们在面对生活和工作中的问题时，需要进行高效的深度思考，以分析与解决问题。

我们看到很多牛人，他们从找到问题到解决问题，只需要很短的时间。我们可能一天也做不好几件事，而那些高手却可以高质量地迅速完成。

这并不是因为他们更聪明。每个人的智商都差不多，就算有些人比较聪明，也不会产生那么大的影响。真正起决定性作用的因素就是思考方法。缺少深度思考的人看问题会比较片面、单一；而掌握了深度思考的人，往往能更快地找到问题的本质。这些所谓的聪明人，到最后发现不过是一群掌握了深度思考方法的普通人。很多社会精英之所以能成为社会精英，并不是因为他们多聪明。他们展示的所有优异才能，最后都表现在深刻的底层思维上。

在这个社会中，展现一个人能力的因素有很多。以前只要你力气大，你就厉害；后来只要你有知识，就显得聪明。但进入信息时代，获得知识越来越简单，于是真正体现你厉害的就是思维能力。如何把知识转化成思维能力，已经成为影响你成功的条件。还好思维是可以学习的。掌握较多的思考工具、思考策略是帮助你成功的决定因素。

1.5 你能正确地认知这个世界吗

认知是人们观察这个世界的一种视角。而现在,"认知升级"这个词被来回地炒作。那么下面我和大家一起走进认知。

一、到底什么是认知

天天听到有人讨论认知,这似乎已经变成了一个时髦的词汇。好像只要有了认知,人就能像乘电梯一样快速上升。

其实我想说的是,认知这种东西每个人都有,只是有的人没意识到。很多人听到有人讨论认知,才去了解这个词,但是在此之前每个人都有自己的认知。不知道并不代表没有,它一直存在。

以前摄像刚传入中国的时候,很多人说拍照会"吸走灵魂",于是很多人都惧怕拍照。但是经过长时间的社会发展,摄像已经普及并被所有人接受。这个过程就是认知升级,从开始的不理解到后来明白、接受。简单地讲,认知就是每个人对这个世界的看法。

认知没有绝对的对错,但是不同的认知会影响并导致不同的行为。认知不等于知识。知识本身不属于个人。知识和个人的经验只有在联系起来的时候才属于自己。认知也不等于理解。如果自以为懂了很多道理,却从不去行动,这并不是认知。

认知是可以指导我们的行动的。它帮助我们在对一个事物产生理解之后，知道自己该如何行动。

二、认知能给我们带来什么改变

认知对我们很重要，但是又很难描述它的作用。认知不会直接对我们产生影响，它在底层思维表现。

其实，认知最大的好处就是为我们提供不同的视角。我们遇到的事情往往很少是个人因素导致的。因为在这个社会中，我们需要和他人协作。在协作过程中就需要换位思考，而换位思考的目的就是让自己从多个视角去看问题。

我以前是做外贸业务的。开始的时候，我看到同行经常给客户送礼，又带着客户去吃饭、唱歌。虽然我不喜欢这样的应酬，可又担心如果自己不这样做就很难接到客户的订单。

后来在跟客户接触时，我发现他们也不喜欢这样的应酬。他们更在意的是产品的品质和交期。如果把这些做好了，就已经帮了他们大忙了。面对客户，最重要的是产品，其他都是"歪门邪道"。如果产品不行，其他做得再好也没用。正是认知帮我看到问题的本质，而不是受到别人行为的影响。

认知是对价值和方法的判断，从而通过想法影响行为方式的选择。我在开始写作的时候不知道写什么类型的内容好。八卦和热点似乎很受欢迎，到后面又看到写小说很厉害，有版权还可以出书。其实有很多出路摆在那里，怎么选择就看个人的认知了。

我在想有没有能长期维持而且对大家都有帮助的类型。于是，我选择从思维方面下手，选择有长期价值的内容展示给读者，让大家无论是现在还是未来看过之后都有启发。

认知就是对一件事情的看法。至于如何取舍、如何选择，都是基于认知思考后的结果。

认知也可以帮助我们冷静地面对失败。我经常说,"活着除了前进什么也不能干"。每个人都会经历失败。有的人可能会失望,因此变得沮丧,不想再继续前进了,这也是自我的一种认知。当然,有的人会选择继续前进。这并不是强迫自己行动,而是对积极面对成败的认知。

认知是非常理性和客观的。只有保持认知升级,才能登上更多、更大的舞台。

三、拒绝伪认知

现在知识付费大热,有很多人的学习热情被唤醒。同样被唤醒的还有认知假象,就是很多人以为自己的认知觉醒了。

我相信很多人都遇到过这样的人。他们对于学习非常勤奋,每次看到那些名师的课程都要买,每次看到关于个人成长的书都想买,每次看到优惠活动都忍不住下单。他们非常努力,甚至努力到焦虑。可是这些人买了很多书却从来没看完过,买了很多课程也从来没听完过。过量的学习只会导致自己的生活质量下降。

我以前就是这样的状态。收入大部分都投了进去,美其名曰"投资自己",但是从来没看到具体的学习成果。那些投资没有对自己的生活和工作产生实质的改变,只是让我看上去"努力勤奋"。

没有改变结果,就说明认知没有真的改变。如果保持同样的行动方式、不变的个人环境,还想得到不同的结果,那就是认知陷阱。

如果一个人的成功和失败,都依靠外面环境的影响,不是自己有意识的行动,对结果也没有一个理性的判断,而是被情绪左右,那么无论他是否成功,都只是认知假象。

认知是在自己理解之后的自然行为选择,而不是看别人做什么赚钱,自己就跟着做。

四、如何建立自己的认知系统

认知升级说起来简单，就好像听到一种新的思维内容马上就学会了一样。但是，只有建立自己的认知系统，才能不断地校正自己的认知行动。在这个过程中，只有进行迭代和调整才能建立属于自己的完整认知系统。

认知系统的建立一共需要3个步骤。

第一步，选择被验证过的认知去学习。学习是不可缺少的，问题是选择什么样的认知、自己需要什么样的认知、认知有没有被验证过。大家的时间都很宝贵，因此在选择学什么的时候就要把好关，要理性思考，对比所学的内容是不是自己需要的。

第二步，用行动去验证认知。我经常说要对真理保持警惕。就算这个认知被其他人奉为真理，我们也要去亲身体验一下。认知在自己使用之前都是别人的。只有在行动中亲自去验证它，并且从行动中获得新的经验，才能形成属于自己的认知。这个时候验证认知的过程才算真正结束。

第三步，用践行的结果调整认知。我们开始学到的认知都是别人的，在使用的过程中我们会对认知产生不同的理解，而这个理解又反过来重新塑造自己的认知。每次反馈，都是一次新的迭代。

在使用的过程中对别人的认知进行调整、完善和加深，把别人的认知慢慢变成自己的认知，形成属于自己的认知系统。只有经过亲自验证的认知，才算是真正拥有了自己的理解。

认知永远是一个动态的过程，每个人都有自己的阶段，不用羡慕别人现在有多厉害，也不必看到不如自己的人就扬扬得意。认知的成长只属于自己，不必和别人比较，只要一直向前进就好。认知提升了，自己看世界的格局就会变大。

获取认知的过程不是一帆风顺的，也有很多是从失败中获取的。我们的目标不会变，就是不断地提升自己，明白自己的局限，不排斥新的知识，又不迷信知识。

1.6 一个人的提问水平体现了他的价值

"怎么做才能成功？""文章的图片在哪里下载？""怎么在文章里改变字体大小？"以上这些问题不知道你有没有遇到过，遇到了心里会不会这么想。第一个问题让人无法回答，而后两个问题让人不屑于回答。其实，如果你经常问这么浅薄的问题，可能会让人"看扁"你。

一、问题的质量决定别人对你的判断

我以前也喜欢遇到问题不经过思考就马上请教别人。在刚进办公室的时候，我经常问主管一系列问题："我们有一批材料没到怎么办？我们的 A4 纸用完了怎么办？"开始的时候还好，问的次数多了主管便不耐烦地训斥我："我请你来不是给我增加问题的。这么简单的事，不会先自己想想该怎么做吗？"

喜欢请教别人是好事，但请教的问题决定别人看你的眼光。像我这种提问方式其实是一种纯粹的偷懒和索取行为，不仅在浪费别人的时间，也荒废了自己的大脑。反之，请教别人的是好问题，那么别人回答起来也有成就感。如果总是口水化地重复，经常问这么浅薄的问题，那只会让别人"看扁"你。解决问题的开始就是提一个好问题。

二、高质量问题的 3 个要素

每个人的时间都这么宝贵，你却浪费时间问这些浅薄的问题。抬头就问简单的问题，会让自己失去动手和思考能力。

而提出一个高质量问题，可以从侧面证明你的能力。别人在听到问题的时候，可能就会立刻高看你一眼。而准备一个高质量问题也不是那么简单的，问题里面有着你思考、整理的过程。

高质量问题的 3 个要素如下。

高质量问题的第一个要素就是这个问题不是简单搜索就可以解决的。比如，怎么去世界之窗、明天气温多少度、文章怎么设置字体等。这些问题随便就可以搜到答案，还拿出来问岂不是浪费了彼此的时间。问这样的问题就是一种偷懒行为，只是索取一个干巴巴的答案。

高质量问题的第二个要素就是自己在提问前，要先准备好相应的资料和信息。不要让别人由于不了解你的情况，而无法做出相应的回答。比如，我该怎么改变自己、我要怎么努力、我该不该学习写作等。被问的人又不了解你的背景信息，因此无法做出回答。

问题的背景是指你的问题是在什么情况下发生的。你需要讲清楚这个问题发生在什么情况下、都有哪些影响因素、自己想到的解决方法是什么等。而只有先准备好这些信息，才能让你得到一个好答案。

高质量问题的第三个要素就是一定要铭记提问不是一种索取行为。不然这和抄作业没什么区别，只为得到一个答案，却对自己并没有什么帮助。提问题应该是一种相互行为，问题本身有自己的思考和初步的解决方案。而不是问一些"我该怎么做才能变得成熟"这些简单又开放的问题，哪怕问了你也不会得到一个好答案。

比如，你想问文章怎样才能写好。正确的问法是"为什么我写的文章感觉有点干巴巴？我是需要减少说教，还是增加一些故事思维？您有没有其他建议"。这样的问题就会让人比较容易回答。高质量问题不仅可以让自己有所收获，还可以让被问的人有所启发。

这样的提问方式会让别人感觉到你为这个问题用心付出了。大家乐于解答别人的疑惑，只是不喜欢被问一些"蠢问题"。如果提一些连自己都没思考、重视的问题，那只会让人无视你。

三、不要用问题暴露自己的无知

一个人问的问题，可以差不多判断这个人的能力。每个人的自学能力和提问能力是成正比的。我们在一生当中会遇到很多问题，自己本身对问题的思考就是个人学习能力的体现。

人们都喜欢和高手过招，一直和比自己差的人过招，很快就会失去兴趣。如果你天天问一些肤浅的问题，不但会让自己显得无知，还会让别人疏远你。

"我写作水平不高，是不是要多看书？""我一天是写 500 字还是写 800 字？"如果每天都问一些这样的问题，只会向外界暴露自己的无知。如果你有机会问马化腾一个问题，结果问"我是去一个有加班费的公司，还是去一个没加班费的公司"，你觉得马化腾会怎么看你？提一个好问题也是自己能力的展示，可以帮你表达出自己的思考过程。

我们在提问时遵循的原则是，自己要先想清楚自己提问题的目的是什么。看起来是提问题，其实是为了解决问题背后的目的，而这个目的经常被我们忽略。比如，问怎么提高逻辑能力。很多时候我们并不是为了单纯的逻辑推理，仅是想让自己的表达有条理一点。只要解决这个问题的目的就可以了，至于逻辑表达到什么层级并不重要。

问题的质量很重要，不要用问题侮辱自己和别人的智商。

四、创造一个好的回答环境

要想得到一个好回答，最稳妥的方法就是问选择题。

拿出有自己思考的问题，也是对被问的人的尊重。如果拿一个自己都没想过的问题"甩"到别人脸上，别人才不会甘心当你的"思考用人"。珍惜自己的提问机会，首先就要通过思考提供有选项的问题。这本身就代表了自己对于这个问题的初步判断，也让被问的人更加有针对性地去思考。如果自己不能提供好的选项也没关系，可以添加一个开放式的选项。

比如："我过年准备去泰国或马来西亚玩，因为过年的时候那里的天气没那么冷。你觉得怎么样？或者有其他更好的地方推荐吗？"

这是一个有针对性、有选项的问题，最后还带一个开放式的选项。这样就可以给被问的人创造一个好的回答环境。

问题可以相互成全双方。自己在问之前一定要有思考、有预演、有准备。这样的问题不仅会让自己有所收获，也会让被问的人有所启发。我们有时候在回答一些问题时，自己会说出一些平时没想过的话，看似在讲给别人听，其实也是在给自己解答。

问题也是思想上的助推剂。我平时做一些咨询的工作，很多时候在为别人解答，但自己也在有意识地听。好问题可以给我很多启发。我写过的很多文章就是和咨询者沟通获得的灵感。帮助别人解答问题，也是在为自己梳理知识。成长不只是解决自己的问题，也是我们思考的沉淀。

第 二 章
Cognition Upgrade

千里之行,始于足下

2.1 只有落地才能生根发芽

每件事情都要从一个想法慢慢落地成为现实。而如何从想法到行动就成为我们所要考虑的问题。

从萌生想法到产生最后的结果，需要经历两个阶段。

第一个阶段：让想法成为一件可行的事情。

第二个阶段：认清现实，不断改进，坚持到底。

这里先说第一个阶段，把大脑中的想法具象成一件可行的事情。

经常有人为一些问题而苦恼，如怎样思考、如何行动、怎么才能改变自己。当他们把这些问题抛给我，向我进行询问的时候，我能看出这些人都是在冲动的驱使下才提问的。等到几天之后还存在同样的问题，他们一边依旧在行动上我行我素，一边陷入思想上的挣扎。

光靠空想是无法产生任何变化的，要想得到真正的改变，一定不能让自己停滞在思考阶段，还要尽量想办法让想法落实成一件具体的事情。

纸上谈兵的例子大家一定耳熟能详。战国时期，赵国大将赵奢曾以少胜多，大败入侵的秦军，被赵惠文王奉为上卿。他有一个儿子，名叫赵括，自小熟谙兵书，对军事战争之事侃侃而谈，而别人都被他的口才折服，拜服他的军事才能。为此赵括甚是骄傲，自以为普天之下已经没有人是自己的对手了。而他的父亲赵奢却对此十分担忧，认为自己的儿子不过是纸上谈兵，甚至预言："如果赵国用其

第二章
千里之行，始于足下

为将，则赵军必败。"

果然，在赵奢去世之后，秦军又来犯境，而赵军在长平之地抵御来犯之敌。本来是年迈的廉颇将军负责指挥全军。他本是名将，经验老到，对打仗自然很有办法，让秦军陷入了僵持苦战。秦国知道战事如此拖延下去，必定会因为后勤保障的供应不足而拖垮自己，于是就派人到赵国散布谣言，蛊惑赵王用赵括替换下廉颇。赵王果然中计，于是赵括走马上任。他自以为很会打仗，对兵法运用自如，到了长平战场之后改变了廉颇以前的作战方案，致使赵军 40 多万主力被尽数消灭，从而改变了整个战国格局的走向。

赵括之所以失败，就是因为他只会空想，而且对自己的空想盲目自信，但是没有一点落实或行动积累。他熟读的那些兵法固然没错，都是前人总结的智慧，可优秀的思想若是不能够落到实处，将起不到任何作用。

如果说历史太远，那就再说说我自己。我刚开始尝试写作的时候，不知道怎么写，也不懂得如何去写。于是，我像一只无头苍蝇一样漫无目的地到处找寻方法，挖掘写作方面的"干货"及经验，可到头来折腾了半个月也没有任何关于写作的实质性进展。

后来我就提醒自己，不能再这样继续下去了，不管以后做得如何，都一定要先做起来，不然只能停留在思维层面，那样是毫无意义和价值的。

于是，我通过摸索找到了一个思路。有一款理财软件每天都会发一个有关投资的小知识，我就利用这个理财知识开始自己的落地行动。

一旦行动起来，无论做什么便都不是在空想，而是在做一件在现实中板上钉钉的事情。从萌生写作想法到依托理财软件中的小知识开始行动，最终总会得到一些收获和结果。

值得注意的是，这里最重要的是落地，是让想法变成事实，而不是在乎事情做得怎样，或者别人到底怎么看我，在初期的时候那都不重要。

第一个阶段就是一个引子，慢慢地把自己引导到行动中。就拿写作来说，可以是借鉴网上经验，可以是摘抄经典金句，通过微信朋友圈或微博分享给别人，那才是真正地行动起来了。

再说第二个阶段。到了这个阶段，就成了一个不断优化和改进的过程。这个阶段一定会以第一个阶段的落地为基础。

所谓的"干货"和方法，也是从第二个阶段开始起作用的。很多人收藏了一堆"干货"，思考了一堆方法，可从未走出过第一个阶段，结果不过是弄巧成拙罢了。

像我在写作早期就是坚持摘抄和记录，有了这个引子，多多少少会给自己带来一些灵感。无须给自己太大的压力，让一切顺其自然就好。

终于在摘抄和记录两周以后，我开始在手机上落笔，写下属于自己的第一篇文章，就这样慢慢一篇一篇坚持写到了现在。只有真正行动过的人，才能明白什么是现实。而行动是你自己的事，无论什么"干货"和方法，只要你不去做，就跟你没有任何关系。

行动只跟行动有关。只有理解了这一点，你才能明白积累的真正含义。只有进行长时间的行动才有积累，其他一切都是幻想。当你明白这一点后，也可以看透另外一些事情，所谓的暴富秘籍和成功捷径，基本都是在胡说八道。

没有行动就不可能有积累，口头上说得越厉害而现实就越空洞。只有厘清了这一思路，才能更加专注于行动本身，安心落地生根发芽，做那些对未来更有意义的事情，而不是被眼前的短期收益所蒙蔽或被别人的看法所左右。

如果有人告诉你不需要行动就能做成某件事情，那一定是对你说了一个拙劣的谎话。

2.2 承诺是行动的助推剂

曾经的我看到网上有人通过写作改变命运的消息，觉得自己可以和他们一样成功，于是就加入了写作大军之中。既然要开始写作，就得增加自己的阅读量。于是，我买了一大堆书放在家里，打算读完它们，结果坚持了一个星期就放弃了。

要想提高自己的写作能力，就得每天坚持更新文章。可是我以前从来没有写过文章，一下子就要坚持"日更"很难做到。结果可想而知，我再次放弃了。

生活中也是如此，那个时候我坚持最久的事情是晨跑，那也只是坚持了一个月左右。能够坚持的原因竟然是自己已经跑了那么多天，不甘心就此放弃。可后来公园因施工被封，这也给了我合理的理由，于是我顺理成章地放弃了。

不过今时不同往日，我现在已经重新开始写作，且已经坚持了很久。可以说我在最近一段时期的成长和改变，超过了过去几年的总和。

我之所以能够蜕变成如今这样，能够坚持做好一件事情，是因为我拥有了强大的执行力。其实要想拥有这样的执行力很简单，方法就是"承诺"。

一、答应别人的事，自己总是能做到

尽管很多人可能都做不到言出必行，但是大多数人都愿意在别人面前维持一个信守承诺的形象。不然在这个社会中，一个失去诚信的人是无法获得人脉和上升渠道的。

睡懒觉的情况很普遍。可能在前一天晚上就计划好了第二天早起看书、健身、吃早餐，安排得合情合理，可是当第二天闹钟响起时又忍不住按下开关继续睡。大家往往都喜欢给自己树立美好的目标，而到了执行的时候就会想到各种理由放弃。

不过就放弃这件事情而言，我们是矛盾的，对自己不负责，可是对别人却尽可能信守承诺。

我曾经有一段时间习惯晚起，尝试定了几次闹钟也都没能成功按时起床。可是一旦朋友约我早起一同出门，就没有什么是不能做到的了。上班也一样，无论我们多么不想起床，多么不想出家门，可到最后还是准时准点地到岗，保证自己不会迟到。

这样看来我们并非缺乏应有的执行力，而是对需要执行的事情存在选择性。承诺就像一个沉重的砝码，可以为它对应的行动增加分量。毕竟我们都希望自己在别人面前是正面的。一旦诚信的形象被打破，可能再花费数倍的精力也无法挽回。

我们之所以有动力完成自己的承诺，其实跟认知失调理论密不可分。人对于态度和行为存在一致性的需求，而失调就是态度和行为之间出现矛盾与冲突。通俗地讲，就是当我们说过的话和行为不一致时，或者当我们答应别人的事情最后没有做到时，会感到紧张和不安。因此，人们本能地尽量保证自己的承诺和行为一致来缓解认知失调带来的不适感。

二、利用言行合一来提高个人执行力

有很多朋友都说自己花钱参加了不少课程，也答应跟着老师认真学完，可是每次都忍不住中途放弃。就像我有一次组织共读活动，邀请大家一起读书，并且坚持每天进行笔记打卡。虽说参加的人数很多，可最后完成打卡的却只有寥寥10

人。他们最开始的时候也向别人做出了承诺，可最后却没有执行。这是因为他们虽然做出了承诺，但没有找到正确的执行方法。

为了帮助大家发挥出承诺和执行力的作用，我总结了以下 3 种方法。

方法一：向别人做出承诺，让他监督自己执行。

在前面那个案例中，最开始大家也都做出了承诺，可是其实根本没往心里去，因此就算失信于人，也不会得到任何损失。如果采取强硬的措施，如没有完成打卡就会被踢出群，那样反而违背了承诺的初衷，达到相反的效果。因为被踢出群之后这些人就没有了心理负担，更加心安理得地放弃了先前的计划。所以说，要想让自己做出的承诺有价值，就得参考以下几个原则。

1. 承诺应当是自愿的而不是强制的

就拿读书这件事情来说，只有认可了这种行为，才不会挖空心思地找理由放弃。再如，在面对家里的孩子时，你答应他完成一些事情后会给他一些奖励，他就会积极主动地帮你做一些力所能及的家务，按时完成自己的作业。可如果你只是口头上督促他，就算你一刻不停地监督他，他也不会心甘情愿地做这些事情，效率反而越来越低。因为他并没有给你相应的承诺，因此也不会存在保持一致性的矛盾。承诺的前提是自己心甘情愿。对于自己主动认可的事情才不会找各种理由推脱。

2. 做出承诺的对象能对你产生影响

如果自己对自己说必须健身、减肥，那很多人很难坚持下来。如果你答应一个喜欢的女孩，只要自己减重 20 斤就可以交往，那么我想你一定能够做到，而且还会坚持到底。

只有对自己在意的人做出的承诺才有用，最好他还能和你想要做的事情有关系。这样他不但可以鼓励你，偶尔也能为你提供一些指导和帮助。就像别人找我咨询问题，经常看我文章的读者就能很容易地听进去我的建议，而陌生的网友却对我的答案心存疑虑。

对能影响你的人做出承诺，在你不想完成的时候就会产生压力，为了不让那些人失望，你就会坚持下去。

3. 笔头承诺比口头承诺更有效果

这应该算是一种仪式感。有了白纸黑字的承诺，自然在心理上就会更加重视，而只是口头上说说的话反而就没有什么约束力了。

方法二：对外进行公开承诺。

有时候对个人的承诺是私下行为，万一自己破罐子破摔不承认，大不了伤害与一个朋友之间的感情而已。这个时候你需要做出更大范围的承诺，如在朋友圈里或向其他团体承诺，只有群体的监督才能给你带来更大的压力。

这就是靠外部的压力逼迫自己坚持执行。

当然这里还有一点需要注意，那就是做出承诺的对象一定要是你的熟人。如果只是网上萍水相逢的路人，那依然起不到任何作用。

方法三：做出惩罚式承诺。

这个方法是最直接有效的。比如，我之前参加一个写作群，群内要求当天不发文章的人就得发红包。这样的效果是显而易见的。没有坚持"日更"就得受到惩罚，要么坚持写作，要么交罚款。在这样的承诺下，群里的大部分人都坚持下来了。

这里还要把握一个度。毕竟如果惩罚式承诺带来的压力过头了，也会达到适得其反的效果。也不能把惩罚看作心理上的补偿或安慰，不要让惩罚来缓解自己因无法坚持而带来的愧疚感。

三、承诺是个好方法，但要小心被人利用

很多情况下保持承诺，既是顾及自己的脸面，也是不愿破坏彼此之间的感情。但是如果自己的承诺被人利用了，那便不值得继续遵守了。

第二章
千里之行，始于足下

在正常的交流中，常见的客套话是避免不了的，通常大家都懂其中的门道。但是，就有人不按套路出牌，他会抓住你的承诺，并且利用你的承诺让自己受益。比如，在朋友聚会时聊到旅游，你夸赞自己的家乡很美，欢迎大家都去做客，这本来是一句客套话。但真有人跑去你家，以旅游的名义在你家"蹭吃蹭喝"，这就很让人为难。如果你不好意思拒绝，那很可能因此吃一个闷亏。

所以，我建议平时遇到一些喜欢占便宜的人，还是要尽量保持谨慎一点。

以上就是关于利用承诺来坚持执行的方法。如果你在生活中也面临类似的问题，那么可以试一试做出承诺。

2.3 通过刻意练习，你也可以成为高手

这里我要先提到一位"大师"，是他发现了我认为迄今为止最厉害的练习方法——有关如何科学地练习、怎样效果最好地学习的方法。他就是"刻意练习"理论的提出者——安德斯·埃利克森博士，已于 2020 年 6 月 17 日不幸去世。

是他用刻意练习法则揭示了天才之所以成为天才的原因，普及了普通人走向卓越的方法；是他让我们相信通过后天的努力也可以习得自己想要学会的任何知识，让我们更加相信人人都可以通过学习改变命运。

其实杰出不是一种天赋，而是人人都可以学会的技能。

一、刻意练习的前世今生

刻意练习的核心理念并非埃利克森首创，它是基于西蒙教授的研究拓展出来的理论。

1978 年的诺贝尔经济学奖得主赫伯特·西蒙在 1973 年时与合作者威廉·蔡斯共同发表了一篇关于国际象棋大师与新手的论文。他们发现厉害的象棋大师在其长期记忆里有 5 万～10 万个象棋套路模块，而普通人学完并掌握这些需要花费十年时间。

所以，他们提出了一个理论——真正学会一项专业技能需要十年时间，即"十年定律"。

1976 年，埃利克森基于西蒙的论文，进一步拓展了对于专业选手的研究，并且发表了一篇新的论文——《刻意练习在获得专业表现中的作用》。

2014 年，有个叫格拉德威尔的人读了埃利克森的论文，写了一本名为《异类》的书。他在书中并没有强调刻意练习，而是只提取了一个"一万小时定律"，完全违背了刻意练习的本质。

他在书中这样写道："人们眼中的天才之所以卓越非凡，并非天资超人一等，而是付出持续不断的努力。只要经过一万小时的锤炼，任何人都能从平凡变成超凡。"

但是书中过度渲染了"一万小时"的作用，忽略了刻意练习的本质。"一万小时定律"只关注时间维度，没考虑方法和效果，让人以为只要努力一万小时就可以成为专家，这是一种严重的误读。

2016 年，埃利克森发现自己的理念被误读了，于是重新研究，整理并出版了《刻意练习》一书，书中强调了并没有一个准确的时间保证让人成为专家。

刻意练习强调的是高水平训练自己的方法，而不是低水平努力耗够一万小时就能成为专家。

二、刻意练习到底在练什么

刻意练习讲的是一件事情起初你不会做，但是经过努力你又可能完成这件事情。任何努力的过程都是艰难的，只有这样才能让你有所进步。

刻意练习的一个关键，就是脱离舒适区，在压力状态下做事。毕竟成长来自打击，能力来自竞争。尝试，失败，再尝试，再失败，直到掌握为止，这就是刻意练习中的"有成效的失败"。

而刻意练习真正的关键根本不是训练的时间，而是训练的方法。

刻意练习的系统核心有以下 6 点。

（1）目标：每次练习都知道要做什么、改进什么。

（2）专注：行动的时候要保持专注、沉浸式的心理状态，只有这样才能帮你更快进步。

（3）迭代：每次都要有清晰、明确的练习目的，而目的就是改进或提高自己。

（4）频率：要想真正掌握某些知识，少不了进行大量重复练习。很多事情都会要求每天做，就是为了养成较高的练习频率。而且这是有针对性的练习，不是简单的重复。

（5）耐心：刻意练习最大的敌人就是捷径和速成。没有积累的事情不值得做。你着急也没用，因为积累需要的是时间，只有在行动中积累才能进步。

（6）思考：做事不思考就是无效努力。你不应该一个人傻练，而是要在思考和改进中练习，尝试不同的解决问题的方法。

进行刻意练习的4个操作重点如下。

第一，只在学习区练习。

进步的关键是持续地在学习区做事。对一项技能，你要真正地掌握，需要不断地适应与练习。这就是学习区。

如果书上的内容你都看得懂，那就不是在学习区读书。需要你花点脑力思考才能理解的，才属于学习区。

第二，要做有针对性的练习，每次只训练一个小模块。

刻意练习听起来厉害，其实做起来很无聊，因为需要进行大量重复练习。就拿写作来说，如果你觉得自己标题起不好，那就反复练习起标题。

第三，在练习中随时获得反馈并改进。

前进的道路注定是坎坷的，只有这样你才能进步。你需要在一次次尝试中改进，最终找到合适的方法与技巧，并通过大量练习强化这个能力。

一次有目的的练习必须经历不断的迭代与改进，在练习中一定要有反馈。很多人在大多数情况下总是高估自己的知识能力，以为自己知道，其实不知道。要想真正理解，唯一的方法就是测验。说白了，你得做出来实际成果才算真正理解了。

第四，练习的时候需要注意力高度集中。

只有在极度专注的时候，你的学习效率才是最高的。而那些有点难度的练习，都需要注意力集中才能完成。不能进入专注状态的学习，其效果会打折扣。

三、刻意练习的问题

刻意练习可能是人类迄今为止发现的最有效的提升和训练技能的方法。

但是并非所有行业和所有人都适合进行刻意练习，刻意练习也是有限定条件的。

如果缺少以下两个条件，可能会限制一部分人刻意练习的效果。

第一，你所练习的能力要有完整的知识体系，有一套成熟的评价标准。你要知道自己在什么阶段练习什么东西，还要明白自己的训练结果是否达标。

第二，你必须有一个教练，能够根据你所处的阶段布置任务，在你练习的时候有效地反馈。任务太难做不了，任务太简单没有价值。一个好的教练，可以根据具体情况进行安排，知道你需要练习什么、练习的效果如何、哪里需要改进。

只有具备这两个条件，你所进行的练习才算属于真正的刻意练习。

比如，钢琴、小提琴、象棋等都有自己的段位，什么阶段、什么标准都有清晰的成长路径和方法。你只需要坚持练习，不断地重复改进即可。

但是大部分行业并没有这样一个条件，这个时候就没办法做到真正的刻意练习，只能退而求其次，尽可能按刻意练习的原则行动。

第一，起码你要明确自己练习的目标。

第二，尽可能找到行业内的"高手"学习，无论是文章还是书籍。

第三，明白学习的不同阶段，以及自己所处的阶段。

第四，不断地投入时间和精力去重复练习。

这听起来很简单，只要重复练习，就能获得惊人的效果。如果你找不到教练帮你训练，就只能自己学习，总结好的继续发扬，改正错的继续提高。这些都是很有效的反馈。总之，要根据刻意练习的原则不断提升自己。

用简单的一句话概括就是，尽可能地让行动符合目标与期望，并重复改进这个过程。

四、对刻意练习的误读

刻意练习的本质是通过大量实验，观察成功人士的基本特征，以此总结出科学的训练方法。

这没有什么特别神奇的东西，甚至你在深入了解之后会发现它非常枯燥无味，毕竟把一件事情反反复复地做 100 次有什么意思。

因为《异类》这本书太火了，而且这本书使人们对理论理解产生了歧义，所以埃利克森不得不写一本《刻意练习》重新阐述刻意练习的本质。

他在书中解答了 3 种误读。

第一，没有人可以给你保证，只要练习达到一万小时就一定能成为专家。

假如流水线工人每天工作 12 小时，那么工作 3 年以上的人就有一万小时，但是他并不能直接从一个工人进化成工程师。而且就算你很努力地工作一万小时，也没有人能保证你一定能达到什么程度。所有在成长高度上的承诺都是欺骗。

第二，一万小时并非必需品。一万小时听起来很厉害，其实没有什么价值，反而因为"一万小时定律"太火，让很多人以为想成为专家都要练习一万小时。这是严重的误读。

有些事情需要进行长期持续的练习，有些人可能天生领悟力好，不用一万小时也可以达到专家水平。

比如，我们说坚持跑步就可以保证身体好，但是你跑了两个月就有成效了，并不是非要跑够一万小时才有成效。

第三，努力不一定有结果。就算练习超过一万小时，你也可能成不了专家。

刻意练习是持续改进的策略，并非万能的方法。你必须把每次做事都当作一次改进训练。

刻意练习告诉我们，通过科学的训练，普通人也可以成为专家，这一点就已经足够了。只需要足够努力，就有可能成功。刻意练习的时间和方法都很重要。

五、从刻意练习到成为高手

刻意练习只是提供了成为高手的途径，要想真正通过训练成为高手，必须经历4个阶段。

第一个阶段是求知好奇阶段。

我们每次的学习并非都是刻意的，很可能是因为一次意外的"邂逅"才产生了好奇心。

比如，我小时候学习骑自行车，就是因为看到别的孩子骑得很帅；我早期喜欢读书，就是因为我在侃侃而谈的时候很多人羡慕我。

想办法让自己开始去做，比做得多好重要。

第二个阶段是认真对待阶段。

开始的时候你训练自己可能只是为了满足好奇心，慢慢才产生深入了解、满足求知欲的需求。但过了入门阶段，你就要对自己有更高的要求，开始变得认真。

你要知道自己身处在什么阶段，以及接下来要达到的阶段。为了达成目的，你要开始有意识地学习、刻意地训练。

第三个阶段是加大投入阶段。

一件事情如果不是特别难，你努力一下就可以做到60分。但是如果你想要更加突出，就得付出1倍的努力才能到80分。而要从80分到90分，更需要付出10

倍甚至100倍的努力。

早期随便做就可以有很大的进步，后期想变得再厉害一点，需要加大投入，付出更多的时间和精力。

第四个阶段是持续迭代阶段。

理论上不存在完美状态，你需要一直向更好、更优的方向努力。

比如，我坚持每日更新文章，中途无数次产生过放弃的想法。我为了解决自己无法坚持行动的问题，又把市面上大部分关于行动的书都买回来研究。这些书侧重的问题不同，解决的思路自然也不同，有时候能解决当下的问题，但是过段时间又出现了新问题。

最后，通过一次次的实践，在之前行动方法的基础之上，我研究出一套执行系统理论。这套理论不仅解决了自己的行动问题，甚至还帮助了超过100人坚持行动100天。

如果你能走到第四个阶段，其实已经很厉害了。能够坚持走到这一步的人基本上超过80%都是"小专家"了。

我记得有一句话——那些厉害的人，只不过是比你老。这句话的意思是，在专业技能上，那些专家付出的时间比你多而已。哪里有那么多天才，只不过是看谁更加努力、更加科学地努力罢了。

智商和天才之间没有必然的联系。天才之所以成为天才，只是因为他们进行过刻意练习。

2.4 离放弃自己只有一步之遥

在本节开始我问大家一个问题:"你多久洗一次衣服?"

别看这个问题背后只是一件小事,但里面居然蕴含着"破窗效应"。

这里我讲一段自己的生活经历,看看大家是不是一模一样。

我平时回到家就开始收拾,接着开始冲凉,最后顺便把衣服洗了。

有一次不知道是忙的还是累的,我回去洗完澡之后直接躺在沙发上,结果当天的衣服就没有洗。接下来神奇的事情发生了。平时装衣服的篮子总是空的,就算当天有衣服我也会把它洗出来。可当我第二天看到里面有一件脏衣服时,自然而然就继续把新的脏衣服丢进去,而且没有把篮子里的衣服洗出来。之后,我一遍又一遍突破底线。到最后变成衣服和袜子堆积一周,等到休息的时候我再一次性都洗出来。

这里面的问题在于,我开始习惯了买衣服的时候准备一周的量,再到每周末的时候集中洗一次衣服。

回头梳理这件事情的源头,就是那次我没有当天把衣服洗出来。

这就是在生活中的一个"破窗效应"的真实案例。而且这一切都是由我一手导致的,由开始的一天没洗衣服,慢慢演变成最后的一周洗一次衣服。

这里的"破窗效应"讲的是,如果一个地方有一扇窗被人砸破了,很久没有人修,那么接下来这个地方可能就会发生越来越多的不良行为。

因为当环境不良现象被置之不理的时候，会给人一种"这个地方没人管"的感觉，人们就心安理得地认为就算做了一点坏事也不会有什么惩罚，这就为下次打破窗户埋下伏笔。

就拿上面的案例来说，开始的时候装衣服的篮子是空的，人们就自然而然地继续保持整洁的环境。但当看到里面有一件脏衣服的时候，大家就很容易接受这里有一件脏衣服和多件脏衣服没有什么区别的心理暗示。

当你突破一个底线之后，马上就会形成一个新的底线。

生活中还有很多类似的案例。

比如，教室里很安静，突然有个同学姗姗来迟，而且他的衣服还穿反了。同学们看到这个场面不由得大笑，之后教室里的秩序也会因此变得越来越混乱。

再如，去一个餐厅吃饭，餐厅里的服务员并没有准备骨碟，而是让你直接把骨头吐在桌子上。当你吃饭的时候不小心把骨头吐到地上也不会觉得有什么不妥之处。

这个心理效应远比你想象得影响范围更加广泛。大家甚至没有注意到其实自己身上的"第一次破窗"早已经发生过了。

比如，一个新手妈妈可能因为要照顾宝宝，就开始不那么在意自己的形象；一个原本喜欢干净的人可能因为住的环境变差，就开始接受脏乱；一个努力学习的人可能因为一次自我纵容，就开始有越来越多的拖延行为。

人们一点点放弃自己，就是从接受第一次突破自我开始的，之后不断放低标准，最终彻底失去改变自己的信心。

我有一个重要的理念，叫作"底线"。人们常说做人要有底线，我说无论是做事还是做人都要有底线。

给自己设定一个底线，到这里就是自己能忍受的极限了。如果一个人心里没有底线，突破一次底线之后还会再次突破，最终只能自甘堕落。

不是所有事情都有人来帮忙监督，有些事情只能靠自己监督，做到或做不到都是自己的事，没有人在意。因为承担结果的人只是自己。

人们突破底线是因为有两大因素在作祟。

1. 环境影响

首先想到的理由就是环境影响。每个人的成长都会受环境影响。比如，在嘈杂的市场读书和在安静的图书馆读书效果就是不一样的。在市场中，周围人天天吆喝，你能不被影响就不错了，再指望静下心读一本书简直是天方夜谭。

环境给人最大的影响，其实就是给了自己一个合理的理由把责任推卸出去。别人都这么做，我也这么做，这不能怪自己，只能怪环境不好。一旦推卸了责任，就很容易说服自己，然后心安理得地继续放纵下去。

虽说环境是诱因，但真正做出选择的还是自己。更重要的是，你的结果只有你自己承担，没有人会为你负责。

2. 自我影响

这个因素大家都熟悉。很多人都喜欢眼前的安逸，喜欢给自己找理由。因此，在平时的时候，一定要注意这一点，在心里做自我斗争的时候，尽量选那个让自己难受的选项去执行。为了让当下舒服而做出的选择，都是自欺欺人。

比如，你本来计划每天读书，但坚持了一个月后，有一天下班有点晚，心里就有点抗拒读书。你会觉得自己这么累了，今天就算了吧，明天一定能补回来。结果有了第一次，就会有第二次。因为你会发现，好像自己不做也没有损失什么，更不会有人惩罚你，因为这是你自己的事。而且有过一次懈怠之后，你的心里就更容易接受第二次放弃。毕竟扛过了第一次的心理斗争，这个时候你的心理压力也小了很多。

自我影响大部分来自逃避本该做的事。第一次放弃心理压力最大，有过一次之后慢慢就觉得无所谓了。如果不能补好第一次破窗，那你很容易就此一点点放弃。

那么，应该如何避免自我放弃呢？我认为应该正视问题，从小事抓起。

智识升级
让你的付出有回报

很多问题的起因，可能都是那些微不足道的小事。开始觉得没什么，直到后来它最终将自己吞噬。要想避免被影响，首先应该警惕起来。因为这些小事最大的影响就是在不知不觉中改变了你的想法，影响了你的行为。

明白了这个道理后，大家就应该不再以事情的大小来判断问题，而是以原则为准。

衣服只会越堆越多，那你就给自己设置今日事、今日毕的原则。

要读的书越堆越多，那你就一定要及时制止事态继续恶化，给自己设定一个完成阅读的最后期限。

一定要自我规范，严守底线。

"破窗效应"和"温水煮青蛙"有点像，只是两者从不同的角度阐释了渐进式影响的过程，本质都是早期的不重视导致事态恶化。

之前看过一个故事。一个作家为了方便写作给自己租了一间办公室，每天像上班一样穿戴整齐地去办公室写作。我有时候不用去公司，在家也要求自己穿戴整齐，不能穿着裤衩、背心、拖鞋就去干活。

这些自我规范，也是在传递一种心理暗示，代表你很重视这件事情，这样你在行为上才会认真对待。

另外一点就是严守底线。只要你愿意，每天都有找不完的理由和借口。每个理由都有道理，但凡你有一点退缩的念头，就很容易被自己说服。

你要给自己设置一个底线，这个底线就是你退让的最低限度。这个限度没有余地，要求你必须完成。

我觉得我们最应该重视的一点应该是人不能对自己没有要求。但凡有点要求，就不会出现那么纵容自己的情况。只要对自己有要求，对生活有追求，人就会提着一股不服输的底气。

2.5 扫清前进的障碍，助你一路畅通

我相信拖延是一个老大难的问题，也是很多人的敌人。因为它怎么都消灭不干净，反反复复地出现，怎么也没办法根治。

每年都下决心，每年都完不成。从这个角度来看，很多人都在出尔反尔，说过的话从来没有实现过。

只要你想，就会有无数个看似合理的理由阻止自己行动。拖延就像一个黑箱一样，如果不把它拆开看看，就很难找到问题的根源，更别说对症下药了。

我看过太多人对自己下狠心，拿出了头悬梁、锥刺股的精神，但该拖延还是拖延，到最后都快把自己搞"神经"了。

所以，我们有必要打开拖延这个黑箱，看看里面到底有什么机制导致行动缓慢。

我发现拖延黑箱的形成有三大原因。

1. 觉得事太难

如果一个人只能扛起 100 斤的东西，却非要扛 500 斤的东西，那他怎么都不可能做到。

你想把事做成，不能单指望决心，还要看清自身的能力。若是定下了超出承受范围的目标，一般很难完成。面对一次次无法完成的情况，没有多少人能越挫越勇，反而只会让自己灰心丧气。因为事太难，心里就会产生抗拒；又因为抵触

的情绪，最终导致你的拖延。

2. 感觉没意思

让你去看电影、玩游戏、旅游，没有几个人会拖延。之所以拖延，还是因为事情的吸引力不够。毕竟没有内在的动力，指望自己强逼自己是很难做好事情的。

这个问题还有一层因素，那就是如果你没有从行动中马上得到收获，而是因为缺少及时反馈就放弃了行动，这样反而让你失去了从行动中得到收获的机会。因为行动的积累过程是无法跨越的阶段。

3. 担心做不好

现在很多人都有一个毛病，就是眼高手低。刚开始读书，就要求自己能记住书里面的内容；刚开始跑步，就要求每天跑5千米；刚开始写文章，就想写出10万次阅读量的爆款作品。

你在刚开始做事的时候，可能本身在该阶段完成得还算不错，但是因为之前期待过高，反而对自己的成绩不满意。由于担心自己做不好，最后迟迟不肯行动。这就是触发了完美主义思维，觉得如果做不好，宁愿不去做。

但是你要明白，世界上没有一出生就可以把每件事情都完美完成的人。所有人都是在一次次行动的挫折中磨炼出来的。如果不能客观地面对行动结果，把很多无谓的压力放在自己身上，最终只会让自己不断拖延。

当我们打开拖延的黑箱去研究，并找出了拖延的形成原因之后，接下来就可以对症下药了。

1. 减小阻力，只有做最简单的事情才能坚持下来

需要花时间的事情都急不来。比如，有的人想要学习写作，于是设定的目标是每天完成600字且无主题限制。

但写作是一项技术活，最根本的一点在于大量高频、重复的训练，说白了就是每天都要写。当你通过写作积累起经验之后，你的逻辑能力、思考能力、结构能力才会慢慢训练出来。

因此，你最好先设定一个切实可行的目标，保证自己可以完成，然后通过一次次的完成增强自信，再慢慢提升目标难度。

这个方法在执行力系统里叫作"最小可执行策略"——只有做最简单的事情才能坚持下来。

2. 建立规则和机制

世界上有很多事情，不是你觉得有意思才去做，而是你知道自己不得不去做。

就像大部分人觉得上班没意思，但是他们一样得每天去上班；大部分人感觉上学没意思，但是他们一样要每天去上学。很多事情看起来没有意思，但是可以让你获益良多。这些收益能够帮助你生活得更加幸福，因此促使你不得不完成。

有兴趣的事情固然好，但是对于没有兴趣的事情，你也可以为自己提供动力。这就是规则和机制的力量。用规则强制行动，用机制建立反馈。

比如，上班不能迟到，这是规则；因为迟到会罚款 50 元，这就是机制。

在你不想行动的时候，要想办法让自己行动起来，就要依靠规则和机制的力量。这些力量能帮你做成要做的事。

3. 马上去做，做出感觉就好了

如果你不去做，连做好的机会都没有，马上去做则可以有效减小阻力。

不要在干活之前就满脑子想的都是困难，这样你还没去做就已经被吓倒了。在你被想象的困难影响之前，应该马上开始行动。

当你真的去做后你会发现，之前想象的困难可能一个都没有发生。因为行动只跟行动有关，想再多都没用。只要你马上去做，在行动中寻找感觉，状态自然就出现了。

比如，读书看不进去，写作没有思路，只是思考是解决不了问题的。只有真的去看了，真正去写了，问题才会被解决。

看不进去的时候，你可以先"死扛"10 分钟；写不出来的时候，你可以随便写。这样做的目的是先给大脑"热身"，慢慢冷启动让自己进入状态。我们应该少考虑要不要做，多思考怎么做。

在对症下药之后，接下来列举两个帮你克服拖延的具体操作方法。

1. 简化行动步骤

之前我一直在说尽量把行动的阻力降到最小，这句话很重要。因为我们本身的行动力和自制力就不足，好不容易有了状态想去做，往往会因为准备耽误太久而错过了时机。

比如，我有了灵感，特别想写一篇文章，但当我回到家打开电脑时发现电脑没电了，充了电又发现没办法开机，这个时候我的创作冲动依然在。我带上身份证准备去网吧写，可下楼之后一连找了3辆共享单车都是坏的。好不容易到了网吧，我又要开卡充钱。当一切准备就绪的时候，我一点写作的欲望都没有了。

这个案例可能有点夸张，但是能有效帮助大家理解什么叫"行动阻力"——很多事情不是你想行动，就可以顺顺利利地行动的。在很多情况下，在你想行动的时候，经历了一番折腾，之后便常常放弃，更何况你本身就不想行动的时候呢。

所以我说，只要你想做，就想尽办法精简行动步骤，通过最短的路径去启动它。一件事情开启的步骤越少，行动的阻力就越小。

2. 时刻保持准备

这个思路就是时刻做好准备，迎接自己的行动状态。其实，如果在本身不想行动的时候不做准备，当想行动的时候就会常常抓不住机会。反之，你要是随时做好马上行动的准备，当灵感和动力出现时，就能立刻进入状态。

那些能长期坚持的人，都懂得珍惜每次的动力，因为动力其实很难把控。人们很容易就"脱敏"，之前的刺激手段可能使用过几次就失效了，这个时候动力就显得弥足珍贵。当动力来临的时候，千万不能因为阻力太多而放弃机会。

比如，你特别想出去跑步，如果你每天提前把跑鞋、腰包、钥匙、手机准备好，下次想跑步的时候直接换好装备就可以出发。但是如果你没有准备好这些东西，就得重新找一遍跑鞋、腰包、钥匙、手机，一套流程下来你跑步的冲动可能

第二章
千里之行，始于足下

已经荡然无存了。

读书也是如此。当你想读书的时候伸手就能拿到书，自然比需要翻箱倒柜找书更容易行动起来。

就拿我而言，我为了坚持写作一直在与拖延做斗争，所以特别珍惜每次的机会。有时候在开车时想到了什么点子，就会马上让旁边的人帮忙记下来。如果没有人我就找个地方停车，自己记下灵感。不仅如此，我还会每天思考 5 个话题素材，感觉哪个话题成熟了，写作的灵感来了，就会把它写成文章。

我们应该把可控的东西随时准备好。当不可控的动力因素到来的时候，我们就可以随时抓住机会。

拖延的成因不同，应对的策略也不同。抓住每个改变的机会，是最好的成长方法。

第 三 章
Cognition Upgrade

成长的烦恼

3.1 四把武器帮你抵御诱惑

想一想自己的假期是怎么过的,是不是符合以下情况。

放假前斗志昂扬,列计划,定目标。

放假中自我许可,要休息,想放松。

放假后猛然醒悟,有愧疚,更自责。

你放假大家也放假,所以假期的时候外面人很多。既不想出门,又想在家里做点什么。放假不玩不甘心,只玩又怕太浪费时间。这样纠结的结果就是第一天玩、第二天躺、第三天吃……最后假期结束。回看假期的经历,只能感叹自己的意志力太差了,什么都没有做,更是把假期前列的计划抛在脑后。

这个过程我们再熟悉不过了。如果我们不能找到问题的根本原因,就很可能永远陷入这种循环。其实,意志力不仅是我们的态度问题,还有生物本能控制在里面。

假期计划只是一个集中展示,在日常生活中计划得不到执行也是常态。

这不是因为我们的意志力不够,而是诱惑成长得太快了,我们的意志力跟不上它的节奏。

自控力和意志力伴随我们一生。以前我经常为自己拖延、不想行动而懊恼,觉得自己太没有意志力了。本来计划好要看书、写作、运动,但实际上我一直刷手机直到睡觉。后来我才明白,意志力并非单纯的主观态度。

智识升级
让你的付出有回报

现代人对人类大脑的研究显示，意志力实际上是由大脑"前额叶"三个区域的功能构成的。而这三个功能主要控制着我们的自控系统与冲动系统。

生活中最直接的感受就是，当我们冲动的时候心跳会加速，冷静的时候心跳会放缓。

我本来一直以为意志力就是自己的态度问题，原来背后还有生物本能在控制，怪不得每次的激励、责备和说理没有给我带来一点变化。

如果不能了解我们是如何被生物本能控制的，可能我们永远走不出意志力薄弱的怪圈。

意志力是人的生理活动，而冲动和自控都是人的天性。现在，社会中到处充满诱惑，我们不得不控制自己。

这里举一个神经科学上的经典案例，也是"十大起死回生事件"之一。

菲尼亚斯·盖奇（Phineas P. Gage）出生于1823年。25岁时，他在美国铁路工地工作时发生意外，被铁棍穿透头颅。那铁棍从他的颧骨下方穿入，从眉骨上方穿出，可他却依然顽强地生存下来了。

盖奇在遭受严重的脑损伤后奇迹般地生活了十几年，成为世界上著名的脑损伤患者之一。而更为引人注目的是，盖奇在经历了脑损伤以后，他的脾气、秉性、为人处事的风格等发生了巨大的转变，与从前判若两人。

这一事件说明，个体行为并非我们想得那么简单，看起来是由意志决定的，但最根本的决定因素还是生理机制。

真正控制意志力的就是"前额叶"，号称"脑中脑"。

生活中的一些反应都是正常的冲动。比如，看到美食的时候，我们的冲动本能会第一个跑到前额叶这里打报告，并且做出反应。

在日常生活中，前额叶一直在做判断，决定自己是接受还是拒绝。它会让我们静下心来思考，想一想自己到底要干什么。

盖奇就是因为前额叶受伤，导致本来那个用来下判断、做决定的"脑中脑"

不起作用了。没有了前额叶管理，我们就开始失去控制，只知道及时行乐。

列举这个著名的例子就是想说明，意志力并不是我们日常理解的那样。它和我们的大脑前额叶密切相关，前额叶出了问题，钢铁般的意志可能立马随之消失。

毕竟再厉害的箭头，也需要弓弦来控制。

我们每次做出的决定，同样也是一次次大脑"内斗"的结果。

比如，我一直坚持早起跑步，锻炼的节奏是两天跑一次。我并非为了健身塑形而跑步，就是想让自己的精气神好一点。就跑步这一件事，每次开始前我的脑子里都会出现各种声音。

如果我今天跑步了，那胜出者的名字就是"我要做"。这个派系主要管理那些不得不"迎难而上"的事。如果我坚持跑步，那这个时候控制我的就是"我要做"这个派系。

当我跑完步后看到很多诱人的美食，但是我还是控制住了自己。这个时候让我做出这个决定的就是"我不做"这个派系。

连续运动了几天，我觉得跑步好累，不想再跑了，这个时候另一个名叫"我想要"的派系登场了。它用长远的目标和梦想来提醒我要坚持运动下去。

每次做出的决定，背后都是大脑中不同派系角力的结果。正是因为三股势力之间的斗争，才构成了人类两个最重要的系统。

遇到挫折会担心，遇到不开心的事会发脾气，遇到不好的事容易冲动，这都可以称为"冲动系统"。这是人类的本能，也是进化的结果。因为它可以第一时间帮助我们做出决定。在艰难的生活环境中，反应速度往往决定了我们的生存能力。但是随着人类生活环境的进一步演化，曾经的生存问题已经不复存在。这个时候我们需要做更多长远的决定，于是就进化出了"自控系统"。

有了"自控系统"，人类才能从众多物种中脱颖而出。人之所以会纠结，是因为我们不仅受到生物本能控制，也受到理性控制。我们的日常就是不断切换的结果。有时想要及时行乐,这是被"冲动系统"控制。同样,我们在回归理性之后,也会克制自己。

正是有三个派系不同的目标,才创造出了两个不同的系统。只有明白了完整的意志力是如何构成的,才能真正地找到问题症结并解决它。

我们之前不能解决意志力差的问题,可能是因为方向错了。毕竟意志力差不是下个决心、定个目标就可以解决的。很多人把意志力差当成态度问题,这样解决的方法只能是强迫自己行动,还会给自己带来诸多的自责感。人本身的行为就是众多复杂因素导致的结果。

想用一个方法解决复杂问题就是走捷径的心理,这样的心理只会让我们误入歧途。而只要我们花一点时间去了解背后的原理,可能在行动的时候,就可以有一个更明确的目标。

这里我根据意志力的原理量身定制出四把武器,帮你有针对性地抵御诱惑。

提高意志力的第一把武器就是通过健身调整心跳变化。

根据科学研究,人在生气、刺激、愤怒、兴奋的时候最容易失控。它们有一个共同的特点,就是心跳加速。

你可以回忆一下自己处于失控状态时,是否会出现呼吸急促、心跳加速的情况。因为在刺激的情况下,不管是意志力强还是意志力差的人都会心率过快。只不过意志力强的人的心率能够迅速恢复,保持在一个较低或较正常的水平;而意志力差的人遇到刺激以后,心率会一直保持在较高的水平。因此,意志力越强的人心脏调节能力越强,可以随时根据需要调整状态。

运动、睡眠、呼吸都可以帮助我们控制心率。

运动可以给我们带来控制感,而好的睡眠可以让大脑充分休息。这些都是良好的习惯。如果你面临突然的失控状态,也可以用呼吸来调整。深呼吸可以让你冷静,它的原理就是呼吸可以调整心率。呼吸频率为每分钟 4~6 次,每次 10~15 秒。我每次写作前都会进行一次呼吸平衡,可以高效地帮助自己平复情绪。

提高意志力的第二把武器就是不要被道德控制,要激活自我控制。

在日常生活中,我们并非经常失控。经常失控可能是这个人的前额叶受到了影响。因此,从生理上看,在一般情况下,大家还是能控制自己的。更多时候不是因为控制不了,而是我们自己故意放纵的结果。

在生活中我们有时候会不自觉地为自己做的事贴上道德化的标签。例如,我早上7点起床准备跑步,拖延半小时终于下决心行动。当我跑完之后大汗淋漓,感觉自己付出了很多努力,于是想通过一顿丰盛的早餐来犒劳自己。这说明真正的自己是不想跑步的,而是靠冲动说服自己行动。这个时候我做的事已经变得道德化。跑步行为不是本身意志,而是冲动行为,因为我觉得自己不想跑步。

实际上,我们不应该靠冲动说服自己行动,而是让自己真实的内心驱使自己行动。换句话说,跑步是分内的事,不是冲动的结果。

不为做的事贴上标签,而是认可做的事,是自我控制的结果。去道德化可以解决很多自控问题。不要让一次次的道德许可和纵容,导致自己的意志力崩塌。

提高意志力的第三把武器就是自我原谅。

自我原谅也很重要。人肯定会有失控的时候,如果仅因为一次失控就不原谅自己,可能陷入更深的困境。

比如,在减肥的时候,你经不住朋友的一次次劝说而吃了很多食物,因此内心相当自责。这个时候你最好原谅自己,记住下次不要放纵自己就可以了。如果你一直耿耿于怀,那会因为压力过大而放弃自己。就像你可能告诉自己:"反正都吃了这么多了,也减不了肥了。"于是破罐子破摔,你就会继续放纵下去。

我们在失控之后原谅自己一次,会让自己以后更加珍惜改变的机会。

留下一个原谅的机会,可以减轻一点心理负担。

提高意志力的第四把武器就是驾驭冲动。

冲动是本能反应。我们不知道它什么时候会出现,也不能控制它的出现。所以,我们只能选择控制自己。

智识升级
让你的付出有回报

驾驭自己的冲动，就是在不能控制自己，想要做一些放纵的事情的时候，不让自己马上做出冲动的行为，而是稍微延迟一会儿。

比如，在你想抽烟的时候把烟盒拿出来，就此暂停动作，观察烟盒两分钟。好不容易从烟盒里抽出一支烟后，暂停动作，再观察香烟两分钟。等你最后拿出打火机后，再次暂停，观察打火机两分钟。这不是一个药到病除的过程。在多次进行这个训练之后，你会发现自己可以控制冲动了。

我正是通过这个训练提高了意志力的。

当冲动来临的时候，不要在思维上控制它，而是花上至少一分钟的时间去感受它、观察它，发现自己在身体上和情绪上的变化。最终，我们会在行为上按照自己的目标做事，而不是按照冲动行事。

冷静、延迟、观察都可以帮助我们提高自己的意志力。

相信看了这么多原理、改变的方法之后，你一定会从中有所启发。这些方法可以从自身不同的角度帮助你训练。

但我们毕竟生活在这个社会中，总会受到不同朋友的影响。因此，我们不仅要从自身角度进行改变，还要结交更多意志力坚定的朋友。他们有良好的习惯，可以成为我们日常生活中学习的对象。如果大家都很自觉，自己肯定也会在这样的环境中发生改变。

倘若身边不能马上找到一位学习对象，那我们可以给自己找一个榜样。榜样的力量也可以促使我们发生改变。

这个过程并非一蹴而就，而是一个渐进的过程。可能我们一生的任务，就是学会如何控制自己。

3.2　激励自我，重拾兴趣

可能大家经常会出现对什么事情都提不起兴趣的情况，感觉干什么都没意思。可能你道理都明白，就是不想去做。

其实这种情况很正常，人人都会经历这样的日子。无聊并不可怕，你也不需要责备自己。不过在这里我会聊一聊解决的办法。你需要通过了解自己的心理状况找出对应的策略。

这里我给出两个思路。

一、找到导致兴趣缺失的原因

1. 没有方向、没有希望就容易感到没意思

举个极端的例子。一个大学生刚毕业，要是你马上告诉他，他这辈子只能做一个门卫。想象一下自己要在门口站岗30多年，是不是一下子觉得人生毫无意义？

很多人之所以迷茫，是因为无法面对未来的不确定性。未来的家庭、事业、生活，他们什么都不知道，也不知道自己现在的努力能不能换来想要的生活。这些人对自己目前的一切都不满意，但是又不知道该做什么，从哪里开始改变。

2. 在满足刺激感之后会感到空虚

现在的娱乐都追求即时反馈。比如，一款游戏打起来很爽，一部电影看起来很刺激，一段音乐听起来很疯狂。

但是一旦刺激结束，人就感觉特别空虚，渴望内心再次被填满。因为人对刺激会很快适应，一开始感觉刺激的东西，过段时间就会"脱敏"，所以需要加大刺激力度才能得到满足。

比如，开始的时候我一天赚 100 元就很开心，可一个月以后要一天赚 200 元才能满足。同样，开始的时候我觉得红薯很甜，慢慢地可能觉得只有蜂蜜才甜。

二、有效地刺激自己

导致你提不起兴趣的原因有很多，毕竟很多让人焦虑的烦恼都是没办法马上得到解决的。虽然生活中充满问题，但生活还得继续。这里我来讲讲怎么解决兴趣缺失的困扰。

1. 别太指望兴趣

想对事情产生兴趣固然好，但不能只依靠兴趣。因为很可能出现兴趣来了做两天，兴趣没了就放弃的情况。单凭兴趣做事不可能会有一个好结果。就好像一个学生想学习就去学校，不想学习就不去学校，这样是不可能学习好的。

这是一个事实。你想做成任何事，都需要投入时间，不能只依靠兴趣带来的动力。

2. 主动设定目标

如果你对什么事情都不感兴趣，那就主动为自己寻找一个挑战，反正闲着也是闲着。

有目标的人玥显会感觉生活更有奔头。当你对自己做出庄严的承诺的时候，更有可能激发自己完成的动力。

设定目标的原则是要具体、可操作、可完成。就拿写作来说，每天写 300 字这样的目标比每天写一篇长篇文章更容易达成。

3. 给自己找点反馈

在开始阶段觉得行动没意思，大部分的原因可能都出在反馈这里。比如，花几小时写出来的文章，结果不到 10 个人看。这样内心再强大的人也坚持不了几天。

没有反馈人们就会觉得没意思。之前有心理学家做过一个实验，让两个人做泥人，一个做完马上给 10 元，另一个做完马上毁掉，结果第二个人没坚持做几个就放弃了。

让自己去行动本身就很难，你需要付出较多的精力、具备较强的意志力。在早期的时候你需要给自己主动找点反馈，通过一些外部奖励给自己提供动力。比如，要是自己坚持读书 100 天，你就给自己买个 iPad 当礼物。但是要记住一点，要让质量和数量跟奖励对等，不能坚持一天就买个手机，也不能坚持 1000 天才买件衣服。

奖励要起到正面意义，不能越奖励越糟糕。

4. 在中间阶段给自己加把劲

开始阶段相对来说是容易的，因为总有一个理由让自己行动起来。大部分人遇到的问题是半途而废。

因为有这个因素，我才提出行动闭环的概念。人在做事的时候，一开始都是干劲十足，然后从中间开始拖延，最后不了了之。

以下两点帮你平稳度过中间阶段。

第一，不要做太难的事情。可以不断完成小目标，毕竟只有做最简单的事情才容易坚持。

第二，把关注的重点转移到还没完成的部分。人们对于一件事情总会有想要把它有头有尾完成的冲动，这样才可以让人们获得满足感。关注还没完成的部分，可以帮助你减轻完成的压力。

比如，你要寄 40 个快递出去，如果一直盯着"40"这个总数就很累，但如果你关注的是还剩多少没有寄，这样每寄一个就少一点压力，只想着再寄多少个就完成了。这样更能激发人的动力。

5. 找个人来影响自己

人是群体性动物，很容易被别人的行为影响。

比如，去图书馆就会不自觉地压低声音。跟着大家一起行动，就比一个人行动更有干劲。你可以通过以下方法来帮助自己。

第一，不要只看，要参与。

只是看什么都感受不到。就像在读书时老师会让大家参与进去，一起读书、一起讨论。这样的影响才会让你更加投入地去行动。

第二，找到能激励你的人。

激励不一定是鼓励，也可以是让你感觉到正反馈的人。

比如，我有个朋友在读书时会让女儿在旁边跟着读书或画画。他通过以身作则的影响，带动身边的人一起学习。

这些都很好的反馈激励，如果能为家人树立一个榜样，本身就是很有价值的事。

3.3 坚持五件事，带你走出迷茫

迷茫的原因有很多，大部分都是在面对未来的不确定性时不知道自己以后会过什么样的生活，但心里清楚自己恐惧什么样的未来。

你想努力可是又不知道自己适合什么方向。也可能你有自己喜欢的事，但又觉得没办法将它变成自己的职业。就这样，你开始陷入对自己的怀疑，对未来充满无力感。

在面对压力时，每个人会用不同的方法应对焦虑。

最常见的方法是"逃避"。有些人用玩游戏来逃避现实，有些人靠刷剧来转移注意力。他们都希望通过这些行为让自己可以短暂地逃避那些需要面对的问题和选择。

虽然玩游戏和刷剧可以让人短暂地忘记迷茫，但每次游戏结束、影片看完后，他们又会被一股更大的焦虑感和无力感包围。他们知道这样的状态对自己没有任何帮助，却又不得不一次次靠玩游戏、刷剧"续命"。

迷茫在每个人生阶段都会遇到。你会感到迷茫，说明你开始对自己的生活进行思考，需要重新认识自己、了解自己、探索自己。

并非只要给你鼓劲，你就可以马上从焦虑和迷茫中走出来。这些只能给你带来短期刺激，并不能真正地帮你解决问题，只是通过精神胜利法帮你看开点。

我建议你好好利用迷茫期，把它当成重新认识自己的机会，学会跟自己相处，重新出发探索未来。

没有经历过迷茫、挣扎、思考做出的选择，都无法真正地指导你的人生。

这里有 5 个方法帮助你走出迷茫。

1. 过好每一天

无论是逃避还是忽视，都不是走出迷茫的好方法，最好的方法是坚定地过好每一天。把每一天过好了，那种扎实的生活感觉就会给你带来力量。

给自己一点时间慢慢想，了解自己想要什么，明白自己真正想做什么，不要回避内心的声音，这个过程需要一点时间。其他方法只能暂时"压制"迷茫。倘若有些问题想不通，迷茫就会一直跟着你。

我们在迷茫时总会想一些还未发生、感觉很难解决的问题。这些问题都比较空泛，没有一个实在的事情承载，所以你想解决也无从下手。

比如，家里乱糟糟的，这是一个实在的问题。你只要去整理，问题就能得到解决。

但是迷茫没办法解决。比如，你担心未来的生活不好，担心以后过得不幸福，这些问题没办法马上解决，自然就会让你感觉到无力。

迷茫会让人被巨大的焦虑感所包围。这些压力会打乱你本来的生活节奏，而一旦生活变得不规律，就会让人失去掌控感。这个感觉让你进一步觉得生活一团糟。

最好的方法不是幻想马上解决迷茫的问题，而是先踏踏实实地过好每一天，放下不切实际的想法，把心沉下来，把手上的小事做好。

你可以尝试着跑跑步、在家做点健身项目，或者学习做饭等。这些看着不起眼、实际很有烟火气息的事情，最能抚慰一个人的内心。

在这个过程中，你会重新找到对生活的掌控感。一件件小事会重新给你带来生活的希望。

更重要的一点是，这些事情都是可以掌控的。对于一个迷茫的人来说，有一些自己可以掌控的事情，能帮助自己重拾对生活的信心。

规律的生活、可以掌控的日常都可以缓解焦虑。

2. 积累生活中的点点滴滴

坚持做一件小事，时间久了就可以变成一种心理寄托。反正没人知道未来会怎么样，你只能尽量为以后积累资源，做好准备去面对未知。

可以是读书，可以是跑步，可以是摄影，什么事情都可以，前提是要做能积累的事情。虽然这些事情在短期内可能看不到反馈，但你要清楚，只要长期坚持下来，一定会给你带来好的结果。而我在迷茫的时候选择了读书和写作。

迷茫最核心的两个问题如下。

第一，不知道该如何选择。

第二，不知道该怎么办。

这两个问题的本质可以看作是对世界的知之甚少。最好的方法当然是找一位经验丰富的老师，带着你一点点走出迷茫。

这对于普通人来说还是很难的。首先，你不一定认识这样的人。其次，就算你认识，但别人也很难花大量的时间在你身上。

这个时候读书可能是帮助自己、了解世界的最优途径。

在面对迷茫时，很多人依然不知道该如何解决，但你可以慢慢做出改变。为自己做事的踏实感也会影响你的心态。

这些看似不起眼的小事，最终会帮助你一点点走出迷茫，找到自己的目标。在迷茫的时候选择做一些长期才能看到结果的事情，也可以让你的心态更加平稳。

3. 不必跟他人比较

天下第一"大蠢事"，就是跟人比较；天下第一"聪明事"，就是跟人学习。

别人怎么样，那是他的事，无论好坏都跟你没有关系。你可以羡慕别人，但不要陷入盲目的攀比。其实羡慕也是一种动力，说明你希望自己过得更好，期待自己同样成功。就怕你陷入攀比，总是接受不了自己比别人差。

经济学里有个理论叫"比较优势",意思是每个人跟自己比,发现自己在某个方面会更加有优势。

记住是跟自己比的优势,在你的能力范围内,做什么事情达到的效果最好,你就选择做什么事情。至于别人在这件事情上是否比你厉害,这并不重要。因为每个人都有自己的比较优势,虽然他在这件事情上比你厉害,但是他跟你竞争可能不划算,因为他有更大优势的工作可以做。

比如,你整理房间特别厉害,但马化腾比你还厉害。虽然马化腾在整理房间方面比你有优势,但这并非他的比较优势,他的比较优势是管理公司。不是他不能做整理房间的工作,只是做这个对他来说收益太低了。

比较优势就是这样的道理,不是从心态上战胜对方,而是用实实在在的理论推理得出结论。

4. 保持住精神面貌

这是一个很小的建议,但是对生活的帮助很大。行为真的可以影响心态,只要你自己不放弃,就有机会发生改变。

感觉特别焦虑、迷茫的时候,感觉自己坐卧不安的时候,你可以打扫一下房间,做一点不用思考太多的事情。只要手上有实在的事情去做,心里就会产生安全感。

这个建议的核心是不能放任自己,人活着就是为了一口气。无论此刻的生活状况如何,你都要把自己收拾干净,保持住精神面貌,这样才会改善懒散的个人状态。即使处于迷茫阶段,也应该以饱满的精神状态面对生活。

环境可以改变一个人,这个道理大家都懂。因此,在日常生活中,我们更要保持良好的环境。

5. 迷茫是了解自己的机会

无论是跟自己对话,还是通过日记记录想法,都是了解自己的好机会。对自己越了解,对决策帮助越大。

对于我而言，写作就是跟自己对话。我就是在一次次的写作中逐渐找到方向的，从而慢慢了解自己想做什么。

如果你感觉迷茫，又不知道问题出在哪里，就可以经常记录一下自己的情绪，经常复盘，这也是逐渐了解自己的一个过程。

写作还有一个好处，那就是一旦写出来，便可以用第三视角来看待问题。这样就不会过度地被自我的情绪困扰，就能通过一个更加冷静的视角重新审视自己的生活。

只有了解自己，才能明白自己想做什么。只要有了目标，你就走出了迷茫。

对于未来，谁都不知道会发生什么，未来的不确定性会一直存在。但是你已经跟自己达成一致意见，一起去探索未知的世界。

解决迷茫最好的方法，就是面对它，而不是逃避。寻找答案的过程，就是你度过一生的历程。人生的每一步都不会浪费，因为每一步都是你的人生。如果此刻你也在处于迷茫阶段，希望你能有尝试面对迷茫的勇气。直面自我，可能是迷茫带来的礼物。

3.4　不再委曲求全，轻松拥抱生活

在生活中你是不是这样的人：

在跟别人交流时，你会带着非常大的压力，会非常在意对方的反馈，生怕自己说错话；在跟同事相处时，你宁愿自己吃点亏，也会尽量满足别人的需求；在打车时，你遇到不想讨论的话题，也会逼自己配合司机聊几句。

多年前我也有过类似的经历。我是从农村出来的，是那种小时候真正种过地的人。小时候家里比较穷，对我来说，穷点也没啥，因为我的整个童年真的很快乐。

进入社会以后，我才真正体会到贫富差距。从农村来到大城市，不同的社会环境给我带来了很大的冲击，这让我认识到自己跟别人的差距。

我有点自卑，害怕被人瞧不起，变得非常敏感，担心跟别人处不好关系，生怕惹别人生气，以为多帮别人一点，自己吃点亏，就可以得到尊重。我在遇到问题时都会先说是自己的错，如果有人夸奖我就会觉得不自在，甚至会反驳别人。

这样的状态维持了一年多，我感觉很累、很痛苦，但又害怕做出改变。

多年后再回看这段经历，我才明白这在心理学上被称为"讨好型人格"。委屈自己、成全别人，就是对讨好型人格最好的诠释。

一、讨好型人格的主要特征

第一，太注重别人的看法、对自己不够自信，容易受到他人情绪的影响。

一个人只有对自己不够自信，才会担心说错话；没有主见，才会在意别人的看法，自然容易受影响。

第二，有的人不知道自己想要什么、应该怎样去做，从而导致在工作和生活中不知所措，犹豫不决。

不知道自己想要什么的人才会盲从别人，自己不知道方向只能听从别人的建议。如果你有明确的目标，则可以减少很多干扰。

第三，有的人假装自己不在意，其实内心很敏感，害怕被忽略，却又总是被忽略，总是不断地自我安慰。

真正不在意时，你根本不会注意到这些事。你一边关注别人对自己的看法，一边假装不在乎，难受的还是自己。

第四，有的人对人有防范心理，表面跟谁都聊得来，其实内心非常抗拒太过亲近，又担心别人说自己虚伪。

有防范心理的人，能交到的朋友很少，因为少才过于珍惜，不经意间会放低姿态。

第五，有的人喜欢独处，但又害怕孤独，虽然矛盾但又不知道如何改变。

很多人不喜欢跟人打交道，喜欢自己一个人待着，会想办法把自己的时间安排得满满当当，这样他才会觉得充实。

以上5条只是一部分特征。有过类似经历的人会活得很累，其实这样根本做不到讨好别人。反而你越是讨好，别人就越不把你当回事，越是看轻你。慢慢地，自己也会觉得自己什么都不是。这个心理暗示对人的伤害太大了。

二、讨好型人格是如何形成的

第一个原因是在现代社会中,我们对他人更加依赖了。

我发现几乎人人都有讨好别人的一面。之所以有这么多人拥有讨好型人格,和现在的社会协作模式有关。

就像在我小时候,农村大部分人都是自给自足,几乎用不到钱,想要买什么,背一袋小麦全部解决。农村人可以用农作物换油、换菜、换西瓜,都是以物易物,很少用到钱。

但是现在,我们想一个人解决所有问题几乎不可能,必须依靠别人的帮助。正是因为对他人的依赖,导致讨好型人格的出现。

第二个原因是强势家庭的过度控制。

一方面,一个人在有求于人的情况下会讨好别人,想要通过讨好别人让他帮自己解决问题。另一方面,可能是家庭原因导致有些人养成讨好心态。现在的家长对孩子普遍都很强势,对孩子的控制力很强,导致很多孩子一切都要按照父母的意志行事。一旦做得不够好,就会受到指责、讽刺、挖苦,甚至还有打骂。

父母强势的结果就是,孩子不敢随意表达自己的想法,只是一味地想办法满足父母的偏好。他们觉得只要满足父母的偏好就不会受指责。结果长大后,这样的讨好心态一直存在,致使他们忘记了自己本该拥有的反抗能力和权利。

第三个原因是很多人用讨好别人换取爱和关注。

在生活中我们经常会遇到这样的情况:父母跟孩子沟通都是有附加条件的。比如,你学习好,妈妈才会爱你;你考试成绩好,爸爸才会对你如何如何。类似的交流令人十分不舒服,毕竟亲情与考试成绩无关。但就是在这样的交流过程中,让孩子感觉非常没有安全感,生怕自己表现不好,不讨人喜欢,这样别人就会讨厌他。

对别人认可的渴望,来自讨好型人格安全感的缺失。

三、分享几个好方法帮你解决这个问题

说实话，想真正解决这个问题需要时间。因为行为很好改变，而人们心理表征的改变则需要时间。它是人的长期习惯形成的潜意识操作。

比如，一个人想要克服胆小心理，一个人想要克服恐高心理。这些都是心理表征，只能慢慢改变。做好长期斗争的心理准备，这样在调整的时候，你就可以用更好的心态面对改变。

下面列举一些方法帮你摆脱讨好型人格。

第一，不必在意别人的看法。

这个方法说起来简单，实际上做起来很难，毕竟我们很难做到真正不在乎别人的看法。所以，这里说的不在意的人，是指与自己的关联度没有那么强的人。

比如，早上出门有路人评论你的穿着，这个看法并不重要。但如果是你的老板说你，那才需要重视，因为老板才是与你利益相关的人。

是否在意别人的看法，起到决定作用的就是是否与自己利益相关。与自己利益相关的建议才是有价值的，其他都不必搭理。因为无论他们怎么说、怎么看，最终承担结果的还是你自己。只要你觉得结果可以接受，就可以按照自己的意志行动。

人之所以忍受那么多，就是希望从别人那里获得肯定。但是你要注意，肯定不是求来的，而是你自己努力争取的。就好像面子也不是别人给的，靠自己的实力赢得的才是真有面子。

第二，克制讨好冲动，增加缓冲时间。

这个是没有办法的办法。其实它并不能直接解决问题，只是通过延长时间增加理性判断，来克服长期形成的本能反应。

比如，在跟别人聊天的时候，你会不自觉地讨好别人。这是长期形成的本能反应，不必觉得难堪或自责。你要做的只是尽量避免直接做出反应，不要立即回复，给自己 10 秒冷静一下。只要你开始思考了，理性就开始回归了。

再如，在跟别人聊天的时候，你会不自觉地照顾对方的感受。这时，你可以想想自己照顾对方感受是不是建立在委屈自己的前提下，如果事情不大，其实没必要那么谨小慎微。

不必太过压制自我，释放出完整的自我，更能展示你的人格魅力。

第三，用实力说话，才是硬道理。

以上的方法只能算临时过渡，真正能给你带来改变的只有你的能力。让自己变得强大，是解决所有问题的根本方法。

讨好别人的本质还是对自己不够有信心，担心自己的能力不够，需要从外界寻求认可。如果你有能力，那就是别人需要你的帮助，别人要围着你转，自然就不存在讨好型人格了。

所以，你应该去做一些真正有积累的事，而不是天天凑热闹。如果你只是嘴上说得漂亮，实际上什么事都没有做，做了也没有坚持到底，到最后连一件事都没有真正做成，那心里肯定很慌张，更别提自信了。

拥有丰富的经验才是自信真正的来源。

你要明白，有些事就算讨好别人，也不会带来好的反馈，还不如不去讨好，努力做好自己比什么都强。如果你知道自己想要什么，意识到自己努力的价值，自然就没必要再去讨好别人。

反而没有行动积累的人，才会一直活在别人的看法里。因为他的心里太过空虚，需要不断地从别人那里获得认可来填补自己的内心。

每个人都有自己独特的价值，如果你放弃自己的个性和价值，打造一个被人喜欢的人设，就意味着你吸引来的，不是真正欣赏你的人。

真正欣赏你的人，欣赏的永远是你骄傲的样子，而不是你故作谦卑和讨喜的样子。

不要去寻找自己的意义，而是去赋予。

3.5　和一团糟的日子说再见

你知道自己有很多事要做，却感觉无从下手。

无论是生活、工作，还是家庭，一睁开眼你就感觉有很多事要处理。脑海里每天浮现出无数想法，但等到真要行动的时候却不知道怎么办好。千头万绪，杂乱无章，你的生活看起来总是一团糟。

你总是有解决不完的问题和烦恼，想做的事有很多，却感觉永远都做不完。看到别人身材那么好，自己也跟着制订健身计划，结果没坚持几天就放弃了。看到别人懂那么多，自己也买了很多课，囤了很多书，下决心好好学习，结果课没打开看过，书也没看完。平时觉得忙、没时间，打算休息的时候想好好努力一下，结果又莫名其妙地荒废过去。

这里我们就要重新审视一下这个现象背后的问题。

有些事不能简单用一个"懒"字或行动力不足来解释，起码这样的解释太过敷衍了。你有太多事想去做，有太多愿望想要实现，一旦真要开始去做，还是难以抉择。

在生活中，你不是不愿意去做事，也不是没有动力去做事，而是感觉自己一直疲于应付。每天遇到很多事，可能你还没来得及准备就要硬上，不断被动地去抵挡。等你好不容易把一件事做完，以为能停下来喘一口气，结果又被解决不完的事淹没。

这个时候说明你的生活过载了。

过去信息闭塞，我很晚才开始看漫画书。对比过去对信息的饥渴和现在触手可及的信息，我感觉完全是两个极端。

以前我感觉很稳定，好几年都不会有变化，而现在每天面临无数变化。海量的信息并不代表都是有价值的信息。

一个人能解决的问题数量是有限的。如果你没有处理好信息和想做的事，那么你就很容易出现过载的情况。

很多时候还没来得及处理一件事，马上又有很多新的事涌现。这个时候你只能疲于应付，被动地收集、整理和保存信息。它们逐渐代替了思考、实践和应用。

这个后果是显而易见的。过载会让人感到心力交瘁，很难做出清晰的判断，加上要接收的信息越来越多，就更加难以保持专注。

生活中过载的现象如下。

（1）要做的事太多，超过了能力承受范围。

（2）获取的信息太多消化不完，导致你不愿意消化，只专注于收集、整理和保存。

（3）超负荷运转自己，本来只能做3件事，结果硬扛着做5件。

（4）超过承受临界值，人开始崩溃，最后导致直接放弃。

因为很多不可抗拒的因素，每个人都在超负荷运转自己。一条路明明只能同时容纳100辆车，结果因为想要的东西太多，或者别人强加给自己的东西太多，最后路上挤上1000辆车。

当一个人的能力不足以支撑他做那么多事的时候，说明这个人已经过载了。如果你站在这个角度看问题，你会发现导致过载的原因不都是方法不对、动力不足等，还有没有估算好自己的能力承受范围。

跳出眼前，站在全局看问题，我们看到导致过载的原因有以下这些：

第一，自己太着急了，本来 10 年做完的事，1 年就想完成，这是最直接的原因。想要提高效率很正常，但也要考虑自己能承受的极限。

第二，在欲望的驱使下追求无用的目标。

通俗地讲，就是很多人分不清需要和想要的区别：需要是它真的有用；想要是它可能有用。过多的欲望会把一个人压垮。人的欲望是无穷的，而能力却是有限的。

第三，无法分辨眼前的需要和以后的需要。

因为未来的不确定性，你会准备很多可能有用、可能需要的东西，慢慢地无法分辨哪些是眼前的问题，哪些是以后的问题。

第四，对生活失去掌控感。

你的生活之所以变得混乱，就是因为你正在失去对生活的掌控感。

第五，不知道自己想要什么。

因为别人都说好，或者大家都在学，你就开始盲目跟随，不知道自己想要什么。说起来你可能不信，让你手忙脚乱的那些事，其实很多都是你自己扛在肩上的。很多人不是因为自己想要才去做一件事，而是因为手上刚好有这件事才去做。很多人为了发挥手上的资源优势，而牺牲个人的感受，掩盖了本来的需要，从而演变出很多看似需要做的事。

生活中有多少事是自己被动去做的。

比如，你有一盒临期的面包，你并非因为想要吃才去吃它，而是因为它马上就要过期，再不吃就浪费了；你想买一双鞋子，不是因为自己需要而买，而是看到它在打折，感觉自己不买就少占了一个大便宜。

看到这些例子，你会发现很多事并非自己想去做，而是它主动"胁迫"自己去做的。

你应该保持以自我为主，保持自己对生活的掌控感，根据自己内心的需要去做事。接下来，我会介绍一些方法帮助你摆脱生活混乱的困境。

智识升级
让你的付出有回报

1. 应该避免出现自己不得不主动找事做的情况

比如，你每天上班时间紧张，还要花大量的时间在挑衣服上。虽然挑衣服是一件不得不做的事，但是它是你主动去做的。

我觉得生活中有很多事在等着自己，就不要再给自己主动安插事了。

就像上面挑衣服的例子，我为了避免让挑衣服成为问题，每年都会买黑白 T 恤各 10 件，如果没有特别的需要就每天换着穿。另外，为了避免选择吃什么食物耽误时间，我都会设定一个最差可接受的菜。如果自己不知道选择吃什么食物，最后就点这个预先安排好的菜。

这些都是避免给自己没事找事的方法。

2. 在做每件事前都要明确目标，最好有个最差可接受策略

首先要明确自己想做的事及想要达成的目标，然后尽可能写出可行的方案，尽力先解决这些问题。这个是训练专注力的好方法。如果你的每次行动都有目的可循，可以避免做很多无意义的事。

3. 不要到最后一刻再去思考

应该将每天要做的事根据计划的安排在心里做好准备，诸如在回家前准备好钥匙，在坐公交前准备好公交卡等。这些细节可以帮你增强对生活的掌控感。

有人觉得每天提前思考很累，其实这些都是一瞬间的事。在养成习惯之后，你便是在用潜意识思考。

4. 每天选 3 件必须做到的事

有人觉得我很厉害，每天都能保持写作、运作社群、上班的节奏。我之所以能做到这些事，恰恰因为我的事很少。我只需要做这几件事，就可以把它们做好。

你想做的事很多，但是每个人的时间和精力有限，不可能都完成，这个时候就必须做出取舍。虽然做出取舍之后你想做的事可能没有全部完成，但总比什么都没做强。

只有保持专注，将一切主导权抓在自己手里，才能真正成为自己生活的主人。

3.6　人生最大的失败是无法控制负面情绪

娱乐圈不好混是尽人皆知的事情。明星的一举一动都在大众的注视之下，自己的负面情绪也一直被压抑在心中。

袁姗姗因为经常出演"雷剧"而被网友炮轰。对于她，网上出现了很多过激的言论。

就在大家认为她会就这样消失在人们的视野中时，袁姗姗再次回归了。她剪了干净利落的短发，不仅如此，还练就了一身"马甲线"。她用自嘲和健身来宣泄自己的负面情绪。

袁姗姗在观众面前做了一篇演讲，赢得了不少人的赞赏。那篇演讲的题目叫作《在网络暴力中捍卫自己》。她也在接下来的电影《煎饼侠》中证明了自己的演技，成功让"黑粉"闭嘴。

在公共关系学中，存在这样一个说法：危机的发生是必然的。但是，大多数危机可以预见，并且在一定程度上是可以避免的。

我们每天都会产生很多消极的想法，而其中大部分烦恼是自己制造的。

对于这些负面的东西，我们不能视而不见，可以通过一种积极的方式来控制它，将其对生活和工作的不良影响降到最低。

我们应该接受已经发生的事，不要懊恼于过去。

无论过去发生了什么，我们在那一刻所做的事、所做的决定，都是当时在我们的资源、能力、理解、智慧、知识、情绪状态等各方面因素的共同作用下，所能做出的最好的选择。

即便回头望去，哪怕实在不尽如人意，甚至在今天看来确实令人失望，但那已经时过境迁，即使懊恼也改变不了什么。

如果这些事总是萦绕在心头，难以化解，我们其实可以换一种心境来解读，在别人的眼中营造出积极乐观的形象。

例如，自己以前做了一件蠢事，每当想起来时就觉得窘迫。在自己的内心中总是回荡着一个声音："当年可真是蠢啊！简直太丢脸了。"一旦想到这些往事，我们就不知道如何接受这段经历。

为了让自己从这种悔不当初的状态中解放出来，我们可以这样重新解读它：谁还没有年轻过，谁年轻的时候没有犯过错。经过那件事，我们成长了很多，吸取了很多教训。吃一堑长一智未必不是一件好事。起码未来再遇到这种事，我们能避免重蹈覆辙。

一旦用积极的思维想这些事，用积极的语言表述这些事，人就会变得开朗，受挫能力和抗压能力也会变强。

在生活中，我们总会遇到一些感觉"过不去"的坎：眼前困难重重，未来漆黑一片，就像天要塌了一样。此时，我们彷徨、苦恼、无助、逃避，每天都活在水深火热中，恨不得时光加速，跳过这一段。

但经历过这段日子之后，我们再回想起来，又会感慨这些过去的事根本不算什么，甚至还会嘲笑自己当年的幼稚和少不更事。

这是由人们的年纪和心境决定的——年纪越大，经历得越多，心境就越开阔，也就越能担负起更多的烦恼。

既然如此，那我们在以后遇到困难时，能不能用这种心态来鼓励自己：随着时间的流逝，一切都会过去，现在看起来山崩地裂的事，过不了多久就是过眼云烟了，我又何必给自己制造烦恼呢？说不定，以后我会当笑话一样把这件事讲出来，嘲笑今天的自己多么无能。为了不给自己的糗事再添一笔，我要积极地面对。

经常用这种积极的语言来暗示自己，人会形成一种自嘲的精神，在面对挫折时更有勇气，在心理上也会获得极大的鼓舞与安慰。

下面我说说如何用积极的语言来传达负面消息。

相比说好听的话，告诉别人喜讯，告知别人负面消息是一件难度极大的事。因为没有人愿意听到负面消息。

如果我们的表达方式恰当，对方就能更好地接受和处理；如果我们的表达方式不当，除了吓倒对方，还可能引发其他不可预料的结果。所以，传达负面消息很考验一个人的说话能力。

楚先生是国内一家三甲医院的心脑血管科主任。医院每天都会接收一些得了晚期肿瘤的病人。

一旦得知检查结果，心态好一点儿的病人会静静地走出他的办公室。这类人的自我调节能力算是比较强的。但大多数人则会当场痛哭流涕，或者直接晕倒，甚至还有些人万念俱灰，产生轻生的念头。

因此，医生如何委婉地告诉病人负面消息，就变得异常重要。

"我通常会尽量从轻地告知病人检查结果。当然也会告诉病人他得的是什么病，这一点绝不能隐瞒。但我接着一定会强调不要过于担心，因为我会同他一起拿出一个最好的治疗方案。除此之外，还要列举一些治疗成功的案例，对比病人的病情中良性发展的一面，鼓励病人向好的方向看，不要对病情过于恐惧。这种方法通常适用于大多数病人。他们在知道自己有治疗的希望后，大多都会积极配合。"这是楚先生讲的自己如何与病人沟通的方式。

医生向病人传达病情的方式，就是一种对负面消息的积极表达。

对于病人而言，病情朝不好的方向发展是噩耗，但我们可以避免强调这种噩耗的"灾难性"。诸如生命还有多长时间、病人会有多痛苦等，这些信息是绝不能提及的。我们要把重点转向治疗和康复，这样病人就较为容易接受了。

试想一下,如果医生对病人说:"你得了癌症,没有多长时间了。能不能治好我也不确定,但可能性不大……"估计许多病人会当场产生负面的念头。

更重要的是,病人会觉得这个医生是不合格的,不仅做医生不合格,连说话的能力也很差。

一个人能否将消极情绪转化为积极情绪,主要取决于自己的心态是否足够好。

态度积极的人会把挫折和磨难当成上天对自己的考验,当成生命的财富,拼尽全力去克服和解决。

而态度消极的人则把一切的不顺利都当成上天对自己的惩罚——他们怨天尤人,消极避世。

现实中的人们总是具有不同的态度,而不同的态度必然又会造就两种不同的人生。这决定了沟通的两种类型。

第一,态度积极的人能迅速消化"负面消息"。

第二,态度消极的人只能和他们"积极沟通"。

也就是说,对于那些容易被负面消息击倒、情绪不稳定的人,我们必须学会"坏事好说",用积极的语言来传达负面消息,引导他们建立自信,激励他们鼓起解决问题的勇气。否则,他们可能就此陷入失败或黑暗的泥沼中,直到最后都走不出来。

第四章

Cognition Upgrade

情商是人生宝贵的财富

智识升级
让你的付出有回报

4.1 争辩让一切变得更糟糕

我们以前接触的辩论一般都是两队选手正儿八经、义正词严地表达自己的观点，当然不能乱说，需要有理有据有出处。而近两年特别火的综艺节目《奇葩说》中的论辩则十分别出心裁。

节目中的选手不管怎么说，也不管有没有凭据，只要能说出个所以然，即使内容属于"无理搅三分"，也可能被奉为真理。

我想这个节目之所以会得到观众的关注，也是因为它与我们平时接触的辩论有着截然不同的形式。

除了《奇葩说》，还有一档脱口秀节目非常有新意，那就是《脱口秀大会》。其中有一对夫妻选手，当然现在已经不是夫妻了。他们是思文和程璐。

他俩很早就在《今晚80后脱口秀》节目中出道了。那也是最早的脱口秀节目，后来他们又上了《脱口秀大会》。

思文是第一批女脱口秀演员，给观众的印象是"女强人"。而程璐的标签就是思文的老公，自嘲是"吃软饭"的男人。

在《脱口秀大会》第三季中，程璐的段子是讲与思文的生活。

我在《奇葩说》节目中集中练习了大量的吵架技巧，天天练习"开杠"。我现在吵架已经非常专业了，所以我现在在家里的地位也提高了。

第四章
情商是人生宝贵的财富

思文每次想吵架，我就跟她说："你确定吗？对方辩友，不要拿自己的爱好去挑战别人的饭碗。"

思文当然不甘示弱。她说："家不是讲道理的地方，家是讲爱的地方。"我说："我不同意你的观点。"于是我俩就辩论了起来。最后，我赢了，家没了。

当时我只是觉得这仅是个搞笑的段子而已，没想到一语成谶，没过多久他俩真的离婚了。

思文和程璐经常在节目中互相"埋汰"对方。思文也曾在节目中说过："想与异性有纯友谊关系吗？那就结婚吧！可以做睡在上下铺的兄弟，也省了很多麻烦。"巧合的是，思文对于他俩离婚一事的官宣内容写的就是："是真兄弟了，加油。"

其实我觉得夫妻之间能以兄弟的方式相处也是一种不错的选择，只要适合双方就是好的。但每个人的态度和立场不同，在聊天时发生争辩在所难免。但为了说服对方，双方争得面红耳赤，伤了和气，也实在没有必要。就像家庭不是辩论的场所，没有必要争个"你死我活"。哪怕最后真的赢了，那也会伤了感情。

更何况，盲目的争辩只会让双方更为坚定心中所想，越来越针锋相对，最终可能谁都无法说服对方，反而成了"大仇人"。

因此，"说得过去"未必就"做得开心"。即使我们说服了对方同意自己的想法，也未必能让他开心地配合我们，贯彻我们的思想。

现实中这种情况是相当普遍的。有时候我们嘴上说服了别人，可他在行动中却"阳奉阴违"，并不积极。远离针锋相对的争辩，才是明智之举。

美国知名心理学家布斯博士曾经进行过关于"人们在争辩中的心理变化"的论题研究。

他用录音机记录下社会中各行各业人士之间的争吵或争辩，并收集了近一万条案例的录音。在这些案例中，包括老师和家长的争辩、老板和员工的争辩、妻子和丈夫的争辩，甚至专业辩手、优秀的政治家及联合国各种代表的辩论，应有尽有。

布斯博士对这些录音进行分析和对比，得出了一个令人惊讶的观点：

那些专业辩手、优秀的政治家和联合国各种代表等精英人士的意见在辩论中被成功接受的概率反而不如普通的推销员或小商贩高。

随着调查的深入，布斯博士进一步发现，那些专业辩手、优秀的政治家和联合国各种代表说服他人的手段万变不离其宗，都是先找出对方的破绽并进行反击，从而证明自己观点的正确性，是为了结果的胜利。

而那些走街串巷的推销员或小商贩所做的，只是尽力找到一个观点证明自己的产品优秀，从而让对方真心地接受。

找出对方的破绽并进行反击，这种做法看似聪明，实则使自己陷入了针锋相对的争辩，为了说服而说服，这样会让对方更不容易接受自己的观点。

美国著名的成功学大师卡耐基曾这样说过："普天之下，只有一个办法能从争辩中获得好处，那就是远离它。"

这世上没有人喜欢自己的观点被别人反对，每个人都希望自己的观点能得到普遍的认可。

但是，发表自己的观点容易，接受别人的观点却很难。并非所有人都能时时刻刻地敞开心扉，虚心待人。其实，这不仅是敞开心扉的问题。在不同的生长环境下，人们的人生原则、价值观念、立场态度不尽相同。哪怕是最普遍的饮食口味，南方和北方都会有豆腐脑的甜咸之争。

在平时的聊天中我们也能发现，凡是涉及这些话题，人们总是争个不停，无法统一观点。

当我们与他人争辩时，如果更多地从自己的角度出发，用自己的想法与对方对峙，哪怕力度再强、气势再盛，对方也不会被我们说服。相反，他也会采取与我们相似的做法，极力地捍卫自己的观点并和我们争辩，还可能反感我们的"狂妄自大"。

这是一场没有赢家，只有输家的战争。假如对话的两个人非要一争高下不可，结果就是双输。

所以，远离争辩，才是交谈和对话时的明智之举。

争得一个"理"，却可能输了一段"情"。聊天本身是为了交流观点，增进彼此之间的感情。谁也不希望在聊天中被对方打击到自信心，伤害到感情。一个会聊天的人，不会因为争辩某个观点而伤害双方的感情。

我们发现，争辩是面对不同意见时人们最常见的反应，也是最不恰当的反应。因为兴奋和过激的表现往往让人更加冲动，反而无法使问题得到合理的解决，使双方达不成共识。

其实，生活中有很多争辩的双方，他们的观点没有是非和对错之分，只是各自的立场不同而已，根本没有必要针锋相对。

有人说："和女人不能讲道理，因为讲道理赢过女人的男人最后都单身了。"这虽是一句玩笑话，却不无道理，也道出了说服的本质。因为吵赢了对方，并不代表能说服对方。

产生不同的观点后，很多人第一时间想的便是如何说服对方："你必须同意我的观点，否则……"你有没有想过，或许对方并不需要你的说服，也并不同意你的立场。

特别是在你表达立场时，一味地采取争辩的态度，不仅不会让你显得舌灿莲花，反而给人留下一种狂妄自大、不可一世的形象。尤其是当你争辩失败时，对方会觉得你的思想不够成熟。哪怕你争辩取胜了，也无法让对方心服口服。或许他暂时赞同了你的观点，然而心中满是不快，改日一有机会就找你"开战"。

这实在不利于关系的维护，这样的做法也是完全没有必要的。为了争辩而争辩，不能解决任何问题，只会让人徒增愤怒，伤害感情。

所以，如果不涉及重大的是非问题，就没有必要标新立异，去为难他人和自己。

在争辩中不会产生赢家，哪怕有一方表面上似乎占了上风，但实际上也不会取得最后的胜利。

说服并不需要"争辩"，需要的是"走心"。说服不是争辩，更不需要吵架。

当自己与他人的意见不统一时，难免会需要费点儿心思，说服对方。这种情况比比皆是，任何人都有这方面的需求。但被说服者不是我们的敌人和对手。我们应该将对方看成是平等的伙伴，将我们认为正确且有利于他的想法平和地表达出来，让他在最短的时间内理解和认同。

也就是说，说服的目的首先是争取对方的理解，其次才是认同。

很多人喜欢跟人争辩，嘴巴像一把刀子，因为争辩后的成功能够为其带来心理上的成就感和满足感，但这不是十分有效的手段。在说服的过程中采用功利性的辩论技巧，更有可能激发对方的逆反心理，反而更不容易说服他。

人都是感情动物。你对别人微笑，别人也会还以微笑。这是人们的一种普遍心理，也是人的本性决定的。

正确的聊天可以让对方心甘情愿地接受我们的想法，而不仅是点头同意就可以了。这样看来，我们就不仅是简单地用嘴去说、用理去辩，更需要用感情叩开对方的心门，了解和理解对方的内心世界，了解和理解对方的所思、所想、所需。

在对话的过程中，既要维护对方的尊严，也要满足对方的虚荣心。只有这样才能既"说得过去"，又"做得开心"。

总之，人与人见了面，免不了要有交流，也就免不了会听到不同的想法，看到不同的态度。对待这些情况，应该认真地思考双赢的解决途径，千万不要将对话变成面红耳赤的争辩。

4.2　学会开口的技能

在日常交谈中,"怎么说"比"说什么"更重要。

俗话说得好:"一句话可以让人微笑,一句话也能让人暴跳。"

同样的话题,有些人说出来就十分中听,让听的人感觉到舒服和愉悦,而且所谈的事情也让其他人比较容易接受;但是从另一些人嘴里说出来的时候就变了味道。这就是我们常说的——好好的话不能好好地说。有些人说出来的话让人听了特别反感,甚至会让人感到生气,以至于聊天都很难继续下去。

同样的话题,不同的表达会产生不同的结果。

传说古时候,有个皇帝半夜做了一场噩梦,梦见自己的牙齿全都掉光了。万分惊恐之下,他召集两位解梦大师,向他们询问缘由。

第一位解梦大师表示:"掉牙寓意着亲人死亡。陛下的牙齿都掉光了,就代表身边亲近之人将统统死去,最后就只剩下孤家寡人。"

皇帝听了顿时大发雷霆,叫守卫来将这个胡说八道的大师拖出去杀头。

第二位解梦大师却是这样说的:"陛下英明神武,有苍天庇护,绝不是凡人可以相提并论的。这个梦的意思是,陛下将是所有亲族中最长寿的一位。"

皇帝听了转而龙颜大悦,当场就给这位解梦大师加官进禄,赏赐无数的金银财宝。

一样的梦境内容,不同的说法,却有着不同的结局,可以让一个人命丧黄泉,

智识升级
让你的付出有回报

也可以让一个人平步青云。

在生活和工作中，每个人都有自己的说话方式。而不同的说话方式，往往会给他们的命运带来截然不同的结局。

在第二次世界大战最艰难的时刻，处于欧洲大陆抗德最前沿的英国早已弹尽粮绝，无钱从美国购买军用物资。

一些美国人秉承商人思维，要求放弃援英，丝毫不考虑唇亡齿寒的严重事态。

为了帮助英国，美国总统罗斯福起草了《租借法案》，希望先借钱给英国，让英国用借款从美国购买军用物资。

但是，国会在讨论时却分成了两派并互相指责。面对反对援英的声势越来越大，很多人宣扬放弃援英是目光短浅的想法，却因此触犯众怒。

罗斯福没有直接对抗这股声浪，他选择采用其他方式来解决争端。在国会会议上，罗斯福用通俗易懂的比喻，点中问题的要害。

先生们，我来打个比方吧！我的邻居家着火了，在方圆几里内仅我家有一条水龙带，要是给邻居拿去接上水龙头，我就可能帮他把火灭掉，以免火势蔓延到我家。

这时，我怎么办呢？

我总不能在救火之前对他说："亲爱的邻居，这条水龙带我也是花了钱的，你要照价付钱。"邻居忙着救火，兜里没有现钱，我难道还要眼睁睁地看着大火蔓延吗？我应当先不要他的钱，而是让他在灭火之后再还我水龙带。

要是火灭了，水龙带还是好好的，那他就会连声道谢，原物奉还。

假如他把水龙带弄坏了，照赔不误，那么我拿回来的仍是一条可用来浇花园的水龙带，这样我也不吃亏。

明明是同样的道理，罗斯福却用简单而深刻的故事让众人明白了事态的严重性。

如果不援助英国，一旦英国沦陷，德国的下一步很可能便是进攻美国了。这个时候，美国的损失可就不只是给英国提供的这些援助了。

一言可以兴邦，一言也可以误国。

语言是我们在交流过程中最直接的表达方式。在交流的过程中，想要取得良好的效果，就要考虑环境、对象、时机等因素，根据不同的交流背景，灵活、恰当地表达自己的观点。

坦率是必要的，但是在坦率的同时也要对话语进行包装，要用一种对方能够接受的方式讲出我们的观点。

在沟通的过程中，想让对方更好地接受我们的观点，就要让对方对我们所讲的内容产生兴趣，并对对方所表达的想法表示理解和认同。直白地说，就是对方关心的，才是我们所关注的。这样我们沟通起来就简单了，也更容易达成共识。

适时而发，也要适人而言。一个人的谈吐让我们感到比较舒服，很大程度上不是因为对方的谈话内容，而是因为对方的谈话态度。也就是说，在日常的交谈中，"怎么说"比"说什么"更重要。

从前，有位农夫在中年时得子，全家人都感到非常幸福。

孩子满月时，农夫大摆宴席，将孩子抱出来给客人们看，客人们看着长得白白胖胖的孩子，十分喜欢。

其中一位客人说："看这孩子的头发和眉毛这么好，将来一定会洪福齐天呀！"农夫听了打心眼里高兴，赶忙一番感谢。

另一位客人说："这孩子的额头这么饱满，将来肯定要做大官。"农夫更是喜上眉梢。

可这时有位客人说："这孩子的头骨有些畸形，将来肯定会生病呀！"农夫听了十分生气，把这位客人给骂走了，在场的宾客也都痛斥了他。

智识升级
让你的付出有回报

当然，我们知道前两位客人的话不见得会成真，而第三位客人的话却有可能是大实话。但是在孩子满月的时候当着那么多人的面说那样的话，必定会引起人们的不满。

所以，在说话的时候注意场合和说话的方式是很有必要的，只有这样我们的话才能达到积极的效果。

我有一个朋友在他们公司做销售主管，他的销售能力应该说是最突出的。这不是因为他很能说，而是因为他很会洞察人的心理。

他可以通过这个人所处的环境、为人处事的方式和生活的状态来分析这个人的性格与心理，从而投其所好。这样不仅在沟通中让对方感到很舒服，而且会在工作和生活中恰到好处地助对方一臂之力。

因此，朋友的客户一向只认他，他的客户最后都成了他比较不错的朋友。

即使是同样的话题、同样的观点，在表达时也必须针对不同的对象选择合适的方式，要根据不同人的接受程度来表达。

重点不在于"说什么"，而在于"怎么说"。否则即使我们再怎么能言善辩，别人也不会买我们的账。

4.3 提意见没你想象得那么简单

对于很多人来说，有话好好说太难了，提个意见都要提心吊胆。

我的一个朋友小林曾经向我吐槽他的问题。他因为工作上的事情向一个关系还不错的朋友提意见，但是没沟通好，因此留下嫌隙，最后两个人分道扬镳。

我对此深有感受。提意见是一件困难的事情，已经成为破坏交情的最大的敌人之一。

没有人愿意说自己不行，也没有人愿意真的承认自己错了。到最后往往不是事情本身的问题，而是个人颜面的斗争。

一、提意见为什么这么难

与自己无关的时候，所有人都知道应该欢迎别人向我们提意见，毕竟在反馈中学习是一个再浅显不过的道理。但一到现实中，又变得不是那么一回事了。

我曾经亲身经历过这么一件事情。有个刚进入公司的新同事，工作热情高涨。他虽然刚接触工作，可能有点不熟悉，但平时在老同事的指点下进步很快。

可在一次提意见中他的怒火突然爆发了，觉得对方是故意让他出丑，面子上挂不住。他的怒火一定不是一两天才有的，而是长期积攒下来的。

提意见本就属于困难对话。最困难的地方在于人们不止有反馈学习这个需求，还渴望得到别人的认可。如果一个人经常因为被提意见而得到负反馈，难免会造成人际关系紧张。

迈克·贝克特尔在《高难度对话》这本书里，讲到了 3 个导致沟通意见困难的原因。

1. 事实因素

两个人沟通意见，如果双方都没有错，只讨论事实，就没办法让其中一个人让步。这个时候观点对立会演变成感情对立。

2. 感情因素

比如，男女之间最大的问题不是谁对谁错，而是男生讲了半天事实，却因为女生一句"你不爱我了"而输得惨烈。这说明事实已经不重要了，感情上的伤害才重要。

3. 立场因素

提意见如果变成立场之争，那么意见和事实都不重要，你站在哪一边才重要。如果你跟我站在一边，我们就一致对外，不然你就是敌人、叛徒。毕竟立场没有对错，只有敌友。

大部分时候我们没办法分析对方的想法，每次沟通都会潜藏危机，感情、身份、事实都很难说清。甚至大部分时候你以为自己说清了，对方明白了，然而对方的理解却有偏差，不过是盲人摸象而已。

此亦一是非，彼亦一是非。

我们应该从能处理的地方开始处理，不能处理的就小心翼翼地避开。

二、该如何提意见

既然提意见很难，那么能在提完意见之后全身而退就已经很厉害了。结合这么多年的社会经验，我摸索出的事实就是：谁都不喜欢被教育，甚至不喜欢被戳破。

其实最好的办法就是不要提意见。如果跟自己有关不得不提，那也要先征求对方的意见，看看对方愿不愿意听。"都是为了你好"这样的话还是不要说比较好。

有时候我在群里聊天，大家都会维持一个较好的氛围。在这样的环境中待久了，自己基本上也失去了反馈渠道。

后来我就发起了一个主动点评的活动，让大家通过匿名点评的方式用文档发表自己的意见。毕竟天天待在友好的环境中，大家也会因为没有进步而感到无趣。人们希望得到反馈，只是希望这个反馈以自己能接受的方式呈现在自己面前。过滤出好意见并得到正反馈，自然是进步的好方法。

有时候你是不是为对方好并不重要，如果别人不想听那根本没有提起的必要。哪怕对方虚心接受，最好也在私下提。每个人都一样，有时候面子比事实重要。我的经验就是有事尽快说，事后就不要提起了。

想提意见需要找到合适的机会，起码不要触到别人的霉头。提意见的时候也要小心，觉得气氛对就继续。如果对方反应不好，那就先放着，毕竟交情还在，以后有的是机会。最后，别忘了感谢对方倾听自己的意见，这是基本礼貌。不管提意见是否成功，感谢别人总不吃亏。

这听起来感觉像在走地雷阵一样，随时会遭遇危险。其实人的情绪就像一颗炸弹，永远不知道会在什么时候爆发。小心谨慎是不希望意见影响双方的感情。关系在就还有机会，关系不在就什么都没了。

三、该怎么接受意见

提意见的人那么辛苦，听意见的人心里应该可以平衡点。

提意见的初衷并不是破坏双方的感情。好的关系才需要维持，才需要尊重。无论对方有什么心思，都是冒着得罪你的风险来提意见的。那么接下来我要说说如何接受意见。

人们在冷静的时候想什么都会很清楚。比如，在听取别人的意见时要心胸开阔，要管理好自己的情绪，克制住辩解的冲动，起码做到听完再说。频繁打断别人很容易演变成情绪冲突，还会招致被打断人的反感。

当对方讲完轮到你说话时，你要先问明白自己做了什么，对他造成了什么影响。这里的关键是克制住自己马上辩解的冲动，因为你的目的不是造成情绪冲突，而是弄清楚事实。

千万不要急着归责，一旦开始讨论对错就会偏离事实。要把对方的意见用自己的话重新表达一遍，确认准确与否，澄清含糊之处，顺便发出自己认真聆听的信号。

这一点特别重要，但常常被忽视。往往是一方自以为讲清楚了，另一方自以为听明白了，其实两者相差十万八千里，结果双方各执一词。

你需要消化、过滤意见，聚焦于对你有价值的地方，关注它能怎样使你改进、提高。如果你愿意听取意见，就要制订改变计划，并且执行计划。

决定权在你手上。你愿意承认错误的话没人拦着，但你不需要认错。毕竟提意见不一定是因为谁有错。哪怕真的是一方出现了错误，也要把它埋藏在问题中，不要让它冒出来。因为只有不需要认错，你才能保持冷静，客观地审视对方的意见，有则改之，无则加勉。最后，感谢对方给你提意见。无论结果怎么样，体面也不能输。

如果大家都像上面这样提意见、接受意见，世界将会变成一个更美好的人间。

四、有关提意见的补充

虽然有上文说的方法，但提意见依然很难。这不是因为这个方法不好，而是因为提意见本身太难了。

提意见之难在于，你很难分清楚对方是想帮助你，还是想攻击你。

你永远不知道对方在想什么。甚至你向别人提意见，自己潜意识里的用心自己都不好说。毕竟人本身就是复杂的，有人提意见是真诚希望对方好，也有人是用提意见攻击别人。同样，听意见的人中有真诚希望得到反馈的人，也有想趁别人提意见时伺机反击的人。

我想说，别人并非真的虚伪，只是不想得罪你。没有人能清楚听意见的人的真实心理活动。但不管别人怎么想，你要拿出真诚才能摆脱这个相互猜忌的困境。

真诚很难，同样真诚也很难得。如果对方感受到你是真心的，你就得到了别人的信任。

信任是提意见的基础。没有信任，"提意见都是为你好"这样的话，就会被别人当成耳旁风。

韩非子有句话的大致意思是：不是难在不知道，不是难在不会讲，也不是难在说不透，而是难在不知心。

不过你也用不着沮丧，我的指南还是很有用的。

第一，对话大多数时候可能解决不了问题，但对话这件事本身你还是得做好。按照上文讲的指南，你可以把话说到，至于对方能不能做到，那不在你的控制范围内。做不到是他的错，你做好自己能做的就行。如果他在对话中虚心接受你的意见，那么你们就有了一个好的开始。

第二，更重要的是信任。信任不但弥足珍贵，而且极易破碎。如果你以为好朋友之间的任何意见对方都能理解并接受，那就错了。恰恰因为你们是好朋友，才需要小心维护这段关系。这套对话指南最适合用在朋友之间，一是能够用得上，二是用了有效果，至少有产生效果的希望。

想想就明白，敌人之间话术用处有限，朋友之间才是它真正的用武之地。

让以诚待人不难受，让虚心接受有收获。

4.4 让别人心甘情愿接受你的拒绝

之前在看一个名叫《明日之子》的综艺节目时，我从中看到一个特别好玩的现象。选手被淘汰而最痛苦的却是导师。选手本来已经被淘汰了，但是不想下台，逼得导师直转圈，连说"怎么办"。

这类节目跟纯粹的唱歌选秀还有点不太一样，应该说是新型的音乐选秀节目。第二季中有 3 位导师。他们先招募符合自己队伍特色的选手，再分别带领各自的队伍相互 PK（挑战）。

在看热闹的同时，我们也不难发现，节目中 3 位导师高情商的功力那可不是"盖"的。

比如，在节目中，吴青峰老师走到哪都自带光环。他习惯性的动作就是张开手臂发射"爱的光波"。可一旦要淘汰选手，他就摆出一副生无可恋的样子，纠结得直转圈。

不想伤人的吴青峰最终在拒绝别人和肯定别人之间找到了一个平衡点，同时会打感情牌来抚慰选手，将好人做到底。

节目中还有个隐性的"纠结症患者"李宇春。她本身就是选秀出身，很了解选秀场上孩子们的心情，当然不想直接否定选手。于是，她采取了一个很厉害的方法——鼓励式试用，好不好先留下"试用"，看看表现再说。每个选手上场之后，她都能准确地挖掘出选手的优点，哪怕只有一个优点也能先留下来占个座再说。

第四章
情商是人生宝贵的财富

这样看着好像挺容易就"上位"了，其实不然。因为他们随时都有被换下的风险。即使被选上的选手也都是提心吊胆的，以至于到最后都被磨得没有了脾气。

节目中最不纠结的导师就是华晨宇了。因为他有过参加类似节目的经验，心中自然有很清楚的标准，那就是选择能帮助他赢得比赛的选手。

所以，他在选人的过程中围绕着这个标准执行。他在每个环节都很有目的性，而且会很清楚地说出淘汰的规则。这些赤裸裸的规则反而让选手受到了最少的折磨，也使选手更坦然地接受结果。

所以，即使华晨宇在节目中否定了选手，选手还是会欣然接受。他们明确地知道华晨宇否定的不是自己这个人，而是自己具体的某个方面的能力。只要自己照着华晨宇说的做，后期就会得到成长。

接下来我们就聊聊拒绝这件事。很多人其实并不会用正确的方法拒绝别人。

比如，在生活中，我们经常会遇到被搭讪的情况，特别是漂亮的女孩，遇到搭讪的可能性会很高。

虽然很多搭讪是善意的，如就是纯粹问个路，但也有一些搭讪是居心叵测的。对此，我们的拒绝便在所难免了。

当然，即使是陌生人，我们在拒绝人家时也不能过于随便。一方面，我们不能准确地了解对方的心思，如果遇到搭讪的情况就转身离去，很可能因为处理不当而伤害到别人；另一方面，如果对方真的居心不良，又被我们的恶言恶语伤害到了，他很有可能借机报复或做伤害我们的事情。

因此，我们在拒绝别人时要掌握一定的方法，不可太过鲁莽。我们要让陌生人心甘情愿地接受我们的拒绝。下面我给大家介绍几个拒绝的好方法。

1. 先发制人，快速闪人

先发制人有很多种方式。比如，在对方准备和我们搭讪的时候，我们先搭腔，然后各种打岔，随后走人。试想一下，我们人都走了，对方一般也会知趣地放弃，不会追着不放。事实上，有点眼力见儿的人从我们的言语或动作中就能清楚地体会出我们的用意。

所以，我们要先发制人去打岔，随后走人。

2. 自黑式拒绝

所谓"自黑"，就是采用一种自损形象的方式，让他人对自己"另眼相看"，从而达到拒绝对方的目的。

网上其实有很多自黑的段子。比如，对方刚一开口，我们就说："我有羊痫风，别离我太近了，要不然一会儿发作吓到你了可别怪我。"

估计大部分人看到这种自黑方式，都会吓得不再和我们多说一句话。当然，这种自黑方式稍微有点过，而且在多数情况下都没有必要。想达到自黑的效果，只需要把平时吸引对方主动搭讪的方式倒过来借鉴就可以了。

比如，在搭讪的时候要有礼貌，那么我们就可以在搭讪者面前表现出没有礼貌的样子，从而带给对方一种自己很没有教养的感觉，这样对方就会对我们失去兴趣了。

另外，在搭讪的时候有一些提问题的禁忌，那么我们可以专门挑这些禁忌来问，也会达到自黑的效果，从而让搭讪尽快地结束。

自黑在搭讪的过程中很常见，但用得太多了，也会被对方识破，从而没有太大的效果。所以，为了达到最佳的效果，我们也可以先礼后兵，即先同意对方的搭讪，在对对方有了初步的了解后，再采用有针对性的拒绝策略。

比如，如果对方相对儒雅，那我们就尽量展现自己的粗鲁无知；如果对方比较粗犷，那我们不妨装得腼腆一点儿。

总之，只要我们把自己伪装成搭讪者想要或希望的对立面，对方就会自觉地离开。

3. 幽默讽刺法则

虽然我一直倡导拒绝陌生人的搭讪要谨慎，不可太鲁莽，但这并不意味着我们总是要说些中规中矩、不痛不痒的话。

有时候，适当的讽刺也是很有必要的，而且可能达到立竿见影的效果。当然，如果在讽刺的时候带点儿小幽默，效果会更好。

我的朋友小丽有一次在大街上遇到一个搭讪的"风流"男士。男士刚开始找不出好的搭讪理由，就她在后面尾随了一会儿，想找机会开口。

在小丽等红灯的时候，男士笑着上前问道："你好，我发现你手上挎的包很特别，也很漂亮，我想给妻子也买一个，能问问你是在哪买的吗？"

小丽一听就知道他的心思了，便冷笑了一声："我建议你最好别买这种款式的包，因为如果你的妻子有这样的包很可能会倒霉。"

男士听得一头雾水，连忙问道："为什么呢？"

小丽回答："因为会有居心不良的男士以这个包好看为借口找你的妻子搭讪。"

虽然小丽看穿了这位男士的企图，但是没有揭穿他，而是借着男士的话题把矛头对准了类似的人。

相信任何一位男士在被这样幽默讽刺的回答拒绝时，都会灰溜溜地离开，更不可能继续去搭讪了。

所以，我们在生活中被陌生人搭讪时不用觉得无助，不想理会就先发制人，借机打岔，随后离开。如果想让对方知难而退，就用自黑的方式或幽默的嘲讽使对方知趣地离开。这些都可以让我们摆脱不必要的搭讪。

智识升级
让你的付出有回报

4.5　成为高情商人士的必修课

我总是被问一个有意思的问题:"我该怎么提高自己的情商?"

市面上有各种培训课程教你如何提高情商,可临到需要使用的时候,又被你抛之脑后了。或者教你放平心态,心静自然凉,世间本无事。折腾来折腾去你又把事情搞复杂了。

不知道看完那么多"干货",有多少人变得高情商了。我觉得高情商的表现只有一点,那就是在被情绪冲昏头脑的时候,还能稳定发挥。做到这一点,你就是高情商的人。

你之所以看了那么多提高情商的方法,依然做不到高情商,就是因为在需要使用它的时候忘记如何使用了。也就是说,方法虽好,用不来也是白搭。

导致那些方法失效的原因如下。

1. 常常被情绪控制

不要为了发泄而表达。在面对那些讲不清道理的人时,不搭理他会更有效,因为你不说了他就"歇火"了。

很多时候引发大家争吵的不是事情本身,而是这件事背后的观点或立场。在被情绪控制时,一切方法都用不了。

2. 没有内化方法

很多人只学会了套路,然后硬往上套用。还有人就是为了照顾别人的感受,

第四章
情商是人生宝贵的财富

很容易变成讨好别人。

真正内化的标准，就是能分清"度"。你得能分清哪些是你的问题，哪些是别人的问题。

我们平时说一个人情商低，有以下两个原因。

第一，凡事只考虑自己。

只考虑自己，没有考虑别人，就是常说的以自我为中心。

比如，我上次去商场在自助收银台买单，一边扫描商品，一边装袋。结果装到一半的时候，商场员工跑过来跟我说，让我把里面的东西拿出来给他检查。因为如果商品都装好了，那他就不方便检查了。

商场正是为了顾客方便才设立的自助收银台，而那名员工为了自己检查方便，就让我把装好的商品全部拿出来给他检查。这下员工工作方便了，可顾客的购物体验不增反降。

我觉得提高情商最起码要从相互尊重开始。

第二，把直接当直爽。

心直口快的嘴，钝刀伤人的鬼。

"我怎么样，关你什么事？""我这个人就是说话直，你可别在意啊！""你头真大！""你连这事都不知道，这么笨！"

有多少人打着心直口快的旗号，肆无忌惮地伤害别人。

我有一个朋友是幼师，工作的时候不小心把学校的设备弄坏了。然后，她的同事一直在旁边说："你怎么这么笨！用的时候不知道小心一点吗？"本来她因为弄坏设备心情已经很不好了，还被人一直指责，导致心情更加烦躁。

后来我们聊天的时候，我跟她说："这事跟她有什么关系？你们是平级，她也不是什么领导。后面有什么责任，也是你独立承担。该赔偿，该认错，都是你的事。"

不管做什么事，都会有人指指点点，这种"建议"最不值钱。说对了，是他

智识升级
让你的付出有回报

有先见之明;说错了,也不用承担责任。在日常生活中,这样的事每天都会发生。

如果你的心志不够坚定,确实会活得很辛苦。毕竟别人的夸奖和批评都会影响自己的情绪,很难真的不被影响。只要还在这个关系网中,就难免会有交叉。不得不说,生活中有一些人,就是打着心直口快的旗号,随便发泄自己的情绪。

那么重点来了,该如何避免这种情况呢?

第一,尊重是前提。

"尊重"这个词在我们的语境里很少被真正使用。毕竟相当一部分人小时候都经历过打压、嘲讽和挫折教育,这导致我们很少有机会夸奖人,也没有学会接受夸奖。

其实这是一件很简单的事——多夸奖别人,并且接受别人的夸奖。尊重别人,无关利益。

当你尊重别人时,你会发现你的世界好像改变了。你跟老板能聊天,跟朋友能聊天,跟保洁阿姨能聊天,跟保安大叔也能聊天。因为你们之间是平等的,只要平等对话,相互之间的距离自然会被拉近。你要从心里尊重别人,不把对方当傻瓜,对人以诚,人待以诚。

第二,凡事要想想后果。

有些人常常开口就伤人,这可能是无心之举,但是不能总是无心。只要凡事过下脑子就不会说这样一些发泄的话。

过脑子的方法也很简单,那就是想想后果。如果你觉得说了会伤害对方,那就谨慎说。

这个问题的意义在于,我们对陌生人很客气,对亲近的人很不客气。这可能是因为觉得我们的关系这么好,就不用客气。其实恰恰相反,越是关系好越应该认真对待。反而对待陌生人,我们就不用太客气。

有些人可能觉得这样就生分了。但是要注意,关系好不代表可以不尊重人。如果你不想失去这个朋友,那么从现在开始就应该珍惜他。

第三，先把事情搞清楚。

大部分的问题都源自误解。因此，遇事不要急，先看看发生了什么。先搞清楚事情再想办法解决，总比单纯发泄情绪有用。把事情搞清楚，多想想怎么解决，能为对方考虑，善于自嘲，就这几点足够让你成为一个高情商的人。

最后分享30条提高情商的掏心建议。

（1）不要急着否定别人，把"不对"换成"对"。

（2）尽量多说"谢谢"，记得加上对方的名字。

（3）请人帮忙时别太理所当然，不要用命令的语气，记得加"好吗"。

（4）跟人聊天时少说"我"，多说对方"你"。

（5）跟人沟通时，多用"我们""咱们"可以拉近距离。

（6）赞美的"马屁"，要注意细节，多夸实际案例。

（7）夸奖人，要夸大家都知道的优点，夸奖他期待的内容。

（8）可以用调侃的语气赞美别人。

（9）当面说别人好话，背后更要多说。

（10）你可以用语言攻击他，但请不要嘲笑他喜欢的东西，特别是偶像类。

（11）第一次见面，尽量记住对方的名字，下次见面尽量想他姓什么。

（12）可以吵架，但千万不要说伤害对方自尊的话。

（13）真性情很好，但说实话不一定要说难听的话。

（14）凡事看破可以，不要点破，留一点余地。

（15）在公共社交场合，要考虑少数人的感受。

（16）如果你忍不住想秀身材，尽量加几句自嘲的话。

（17）把"你明白我的意思了吗"改成"我说清楚了吗"。

（18）有时候把自己的小心机讲出来，更让人喜欢。

（19）有趣的自嘲，永远是最好的社交方式。

（20）最好的安慰方式，就是把自己说得更惨。

智识升级
让你的付出有回报

（21）不要一见面就说自己多凄惨，可能没人真的懂你。

（22）千万不要说"我早就告诉你了""我早就知道会这样"。

（23）与多人聊天时，如果对方被打断，要主动帮他接过来："刚才你要说什么？"

（24）不要每次争辩都追求赢，赢了道理，输了感情。

（25）分享自己的荣耀时，要提到别人的帮助。

（26）承担责任时，先提自己。

（27）尽量不要发怒，发怒就是承认自己无能。

（28）拒绝别人，可以先自责一下。

（29）寻求合作，不要总说你想要什么，要说自己能给对方什么。

（30）越是亲近、熟悉的人，越要保持尊重和耐心。

真正的高情商，不是虚伪，而是温暖。尊重别人的看法，寻找对方的优点，感受别人的需要。人一生的目标，只不过是让自己舒服，让别人舒服，顺便解决问题。

第五章

Cognition Upgrade

学习让我们变得更强大

智识升级
让你的付出有回报

5.1 怎么学习才能有效果

总有人告诉我他们没有什么优势，想学些有用的知识，好在以后的工作中有点竞争力。但是他们买了不少课程，听了很多分享，参加了许多"大佬"的学习社群，买书囤课更是家常便饭，每天都这样折腾，到最后感觉还是没有学到东西。这些人想专心学习又不知道怎么学，一不小心花那么多，时间和精力都白白浪费了，搞到现在焦虑又迷茫。

是的，现在"知识付费"成为一种常态。学习被当作职场人突破职业瓶颈、逆袭升职加薪的"救命稻草"。

但往往想象越美好，现实越残酷。看着是在学习，实际上很多人是把自己当成一只"松鼠"，拼命地往嘴巴里塞食物，却不管自己能不能消化。

所以，这里和大家说一说我对"学习落地"的思考。

一、"有效学习"能力的 3 次进阶

我理解的学习，就是要真正学到东西，除此之外都属于娱乐。在成年人的世界中，还是现实一点好，学了就要有用，不能骗自己。

"有效学习"的三大阶段如下。

1. 向书本、课程、社群等外部载体学习

读书是目前最便宜的学习方式，经济实惠且简单，难点在于你的文字理解能

力和知识消化能力是否够强。

课程是别人已经整理好的系统知识。只要选择自己想要的内容购买即可，考验的是你的选课及和实践结合的能力。

它们的共同特点就是有完整的知识体系，可以让你快速了解一个领域的知识。重点就是吸收内化、抽象类比及如何使用。

2. 向牛人、专家等有个人经验的载体学习

有些知识并不存在于书本上，而是在每个人的大脑里。

这个阶段的知识已经超过基本理论。书本里的知识都是固定的、系统的，而人脑里的知识是新鲜的经验整理。它可能还不够系统，但都是实践出来的新知，不仅可以在书本之外给你启发，还可以延伸出很多书本上不曾记载的知识。

这些牛人、专家已经把基础知识内化为自己的知识并应用到实践中。在遇到很头疼的问题时，可能他们的一句话就能帮你解决。

但是这也存在一些问题。比如，你没有掌握基础知识，因此很多专家传授的理论你都听不懂。这是因为你掌握的基础知识不够，导致沟通没有效果。人都有属于自己的完整的知识体系，专家的话都是有自己的知识作为支撑的，如果你没有则容易听得晕头转向。

3. 向自己的实践经验和事后总结学习

这才是真正让你走向卓越的阶段。

无论是向书本还是向专家学习，本质都属于模仿和追踪。这样的知识不构成竞争力，因为别人已经有了。真正让你变成牛人的，是从经验中学到的那些无法传授的知识。

一个人的学习成果，70%来自个人经验总结。从小到大都是如此，从开始的模仿，一直到后面总结出适合自己的方法。

没有一套理论可以解决所有人的问题。要想形成真正的竞争力，就要有自己

独有的知识。最终你会发现，那些真正帮你鹤立鸡群的知识，都是自己实践经验总结的结果。

二、"有效学习"的落地方法是复盘

即便你用优秀的方法完成了很多工作，但如果不会复盘，那么你积累的经验也会大打折扣。检验学习成果最好的方法就是考试。

学得怎么样，学了什么知识，掌握了哪些要点，通过一次考试就全知道了。考试就是学习的复盘。

一个人学到最多知识的方式，是向自己学习。在百分制的学习成果里，个人学习占70%，书本学习占20%，专家学习占10%。这是经过科学认证的"7-2-1"法则。由此可见，一个人通过总结实践经验学习的效率，是其他方法的3~7倍。很多人手握"武林秘籍"，却还向"江湖把式"拜师。

而"有效学习"的落地方法就是复盘。

复盘不是写内容总结。总结是对一件事的概括，是一个确定的结论。而复盘之所以被称为"最有效的学习落地方法"，就是因为它存在对过往经验行动的重新审视。

想要学习有效果，就不能闷头学，那是无效努力。你更应该关注的是自己真正学到多少，学到什么，有哪些地方需要改进。

有目标，有反馈，有标准，有改进，这就是复盘的精髓。

通过复盘进行"有效学习"的3个好处如下。

1. 找出行动问题，确定下一步改进目标

不看行动效果，只是闷头做，这样的学习效果最差。因为不知道做得怎么样，不知道是否需要改进。复盘就是一种刻意练习，有监督，有标准，有改进。

学习最怕的就是信息盲区，不知道自己行动到哪一步，不知道自己的行动效

果如何。对信息掌握不会，便谈不上在哪里改进了。

而复盘能够帮助你根据确定的目标方向和标准的完成效果，进行及时的改进和调整。

2. 优化改进方法，提高做事效率

复盘可以帮助你找出行动问题，有改进的刻意练习才是真学习。

成长型思维的人不怕犯错，怕的是不知道错在哪里。毕竟错了可以改正，只要不断进步就不怕做不好。而复盘的其中一个作用就是纠偏，即发现行动是否有问题、是否偏离行动的目标等。每次对问题的优化与调整，都是为了下次更好地行动。行动方法改善了，能力自然提高了，做事效率也随之提高。

优化改进方法就是加强改善效果，知道问题得到解决之后，下次就用优化过的方法，一次次地建立起优势。

3. 总结经验，加强自己的优势部分

成功人士并非处处都厉害，而是善于发挥自己的优势。优势来自对比，比别人厉害的地方，就是你的优势。

只有通过复盘，你才能知道自己的优势在哪里。你要复盘整个行动过程，表现好的地方、自己擅长的地方要继续保持，形成自己的竞争力。

复盘不仅要做得好，还要知道好在什么地方。掌握好复盘的重点，为你的成长助力、加速。

三、复盘的实操步骤

复盘的重点在于审视过程，而不仅是关注结果。我之前在带团队的时候，发现大家存在一个心理顾忌，就是在复盘的时候，总怕被人认为是指责对方。这就是一个误区，即把复盘当成了总结和批评大会。其实不然，复盘是事情结束之后的工作，主要以学习为导向，而事情本身的结果已经过去了。

智识升级
让你的付出有回报

复盘就是在过程中学习经验、吸取教训，以及挖掘未来可以改进的地方。平时都说在失败中吸取教训，同样也要在成功中学习经验。复盘就是避免盲人摸象。失败有原因，成功有因素，把好的经验继续放大，把坏的因素改正、剔除，为下次成功做好准备。

有关复盘的4个步骤如下。

第一步，回顾目标，确认标准。

复盘的第一个重点就是目标清晰，明白自己做事要达成什么目标。有了目标才有计划。只有用计划指导行动、用目标对比结果，才能有效复盘。

就拿我而言，第一次做视频直播的时候，我的目标就是观众数达到500人，专栏内容卖出5份。有了这个目标，我在事后复盘的时候，才知道行动效果如何。

既要有终极目标，还要有阶段目标。只有有结果对应目标，才能进行有效的评估。

第二步，评估结果，数据支持。

有了目标就可以知道要做成什么样，有了数据就可以知道自己做得怎么样。

复盘最忌讳的是凭感觉判断，觉得自己做得差不多，没有衡量标准，这样的结果不能形成精确的指导。而数据是最好的评估支持。

继续拿我的例子讲，最终那次我的直播观众数达到了2000人，专栏内容卖出了20份。这些都是实实在在的数据，在复盘的时候可以作为判断依据。

用数据说话可以抵过千言万语。随时记录不同阶段的数据，可以为后面的复盘做好准备，毕竟空口无凭。在复盘时，我们会提出各种假设，这都需要数据支持。如果没有数据，那很多假设就只能是空想了。

第三步，找到差距，分析原因。

复盘是为了挖掘好的经验，以及剔除坏的行为。复盘就是对整个行动过程进行重新梳理，思考行动过程中遇到的问题，评估自己有什么改进空间等。

这些都需要有明确的阶段目标和过程数据记录。将每个阶段目标和过程数据进行对比，可以直观地展示出很多问题。

再回到我的例子上，我的直播目标是 500 人参加，实际上有 2000 人。我们便可以对原因进行推测：可能是直播前宣传到位，有足够多的粉丝被通知到。观众数是既定目标的 4 倍，当然也可能是因为直播过程中有人刷礼物触发了推荐机制。

有目标，有结果，通过两者对比，我们就能够分析出可能的原因，并在下次行动时改进。这就是一个好的行动复盘。

第四步，总结经验，指导行动。

上面的 3 个步骤形成了一个复盘闭环——"目标确定—过程数据—差距原因"，算是完成了复盘工作。但这里还有最重要的一步，就是总结复盘经验，在下次行动时改进。

复盘就是为了学习经验，完善以后的行动过程。通过总结经验，便可以知道自己在下次行动时需要改进的地方有哪些，可以继续保持的地方有哪些。

总结经验一定是围绕重点展开的，如果事无巨细地分析，最后可能背离了复盘的初衷。复盘的目标很明确，就是回顾行动过程，发现遗漏问题，找到问题关键点，进而改进行动。

复盘是一个累积过程，一次可能改善一点，久而久之自己对问题的把握就越来越精确了。复盘也是一个成长过程，每次进步一点，就是自我学习的关键。

向自己学习的关键就是学会复盘。

在这个知识时代，不会复盘的人就不会主动从自己的经历中学习，从而失去了一个提高能力、深度思考、逆势成长的机会。

5.2　学以致用才是学习的目的

我有一个朋友花了两万元，上了两天一夜的线下课。上完课之后，他眉飞色舞地告诉我自己听到了多少新概念，以前不懂的问题现在也豁然开朗了。

一个月以后，我再次和朋友见面，问他学习之后应用效果怎么样。朋友哭丧着脸对我说："听的时候都明白，但自己一用就不会下手了。"

他花钱了，记笔记了，听懂了，也学会了，可真正遇到问题时根本不会用，换个条件因素就不会解决了。

这不是他一个人遇到的问题。现在号称信息时代，很多人都在吹捧信息最有价值，我们唯恐自己错过，因此更加饥渴地追求信息与知识。

于是，市面上满足各种需求的课程层出不穷，缓解了大家的焦虑情绪。

"十大商业招式""六大创业秘籍""打通你的商业帝国"等，类似的推广文案大家应该听过不少。

我们无法控制自己疯狂地买课，却不能把课程内容真正地消化。

一、知道方法不代表真的有用

我开始接触知识付费的时候，也是疯狂地买课，总共花了两万多元。可我真正打开过的却很少，认真学习并且使用过的就更少了。

这个感觉有点像减肥，自己想减肥又不想辛苦运动，而是寄希望于减肥药上。

市面上哪个产品疗效好，哪个产品见效快，哪个产品无副作用，自己便买哪个，买了一个又一个，体重却还是跟以前一样。

其实，我们的购买行为只是满足了心理需求，并非真的为了学习知识。

有些人想要学习却没有入门方法，通过买一些基本课程，可以帮助自己找到这个领域的框架。在明白了其中的知识结构后，在入门的时候确实比自学更有效率，但也仅限于入门这个阶段。后期想让自己真正学会，只能通过不断应用、行动进行积累。

下面通过几个例子直观地看清这个问题。

比如，我想打造一个属于自己的品牌，那么我可以有以下方法。

①找到定位领域；②找个平台经营自己；③坚持输出内容；④通过内容表达自己的理念。

我想学会骑自行车，又有以下方法。

①掌握使身体平衡的方法；②控制车子平衡；③踩的时候不要看脚蹬。

我想写出好的文章，可以有以下方法。

①多看书；②多写作；③多看好文章。

大家已经知道了这些方法，可到真正需要去行动、去践行这些方法的时候，又有几个人真的能坚持下来？列举一个方法简单，但行动起来很难。

二、抽象能力更重要

我有一次听一堂写作课，里面讲如何写好金句。讲师告诉我们的方法就是颠覆常识，启发新知。一般提炼成课程的方法，基本上都是精炼过的内容，适用范围很广，再结合课程中准备好的案例，看完后我简直醍醐灌顶。但是回我自己写作的时候，一落实到具体场景，我才发现两者之间有一条巨大的鸿沟。

这个时候我们需要的是抽象能力。学习知识本身是为了解决具体问题。当我们想用这个方法解决其他问题的时候，条件因素已经变化，生搬硬套已经不能解决问题。我们需要的是从之前的解决方法中"抽象"出几条适用范围更广的经验。

人类习惯具象理解，不习惯抽象概念，因为它不符合人的直觉。具象就是有具体的事物形象。比如，桌子、书、电脑等，一提到名字脑海里就马上有一个形象相对应。

一说起抽象，大脑好像打结一样。比如，万有引力、生物进化、杠杆原理等，它们是众多具象事物共同特征的抽象描述。

我们不习惯抽象概念，是因为抽象覆盖范围更广、应用场景更多，是一种高级的思维方式。

说几个案例帮助大家理解抽象在生活中和我们的关联有多深。

比如，"水果"这个名词人人都知道，但我们并不能在现实世界中真的找到"水果"这样东西。没有人可以找到水果，但可以找到苹果、西瓜、葡萄等具体的水果。所以，水果就是抽象概念。通过这个抽象概念，我们可以概括更大的范围。

再如，著名的"白马非马"这个故事。世间没有马，只有白马、黑马、黄马等。马就是抽象概念，可以代指所有颜色的马。

大家可以仔细想想，这样的案例还有很多。

抽象是超越真实世界的思维方式，它可以让我们拥有更高的视角，认识到事物的本质。

这里是说，学习的知识被创造出来的时候，也是为了解决某个具体问题。但它不能解决所有问题。只有找到解决思路的本质，才能在其他地方应用那些知识。只有超越具体的知识，才能使其在更多的地方产生作用。

三、学以致用的重点，是类比能力

读书不会用，等于白读。

类比的来源是抽象，抽象出一个概念后，在别的地方加以应用，这个过程就是类比。

比如，在桌子上放 1 个苹果，再放 1 个苹果，就有 2 个苹果在那里。这个时候可以抽象出"2 个苹果"的概念。这个概念简化之后就是数字 2。得到抽象的数字 2 之后，我们就可以在更多的地方应用它。我们可以说 2 个梨、2 把椅子等。这就是把"2 个苹果"这个概念抽象成数字 2 之后的应用方法。

类比需要发现不同事物之间的共同点，再使用共同点发现新的事物。这个过程就是知识迁移，只有让知识迁移才算真的学会知识。

类比的重点就是抓住本质，忽略细节。

比如，"多元思维"可以应用在很多地方。它本身只是一个概念，在哪里都可以类比使用。在理财领域应用它，就是不要把鸡蛋放在一个篮子里；在生活和工作中应用它，就是任何时候都要准备一个备选方案；在种地的时候应用它，就是不要只种一种农作物。它的原理就是多元化，不要单一。只要抓住了这个本质，我们就可以在任何地方应用这个知识。

类比可以让我们举一反三；类比可以启发我们创造新的事物；类比可以让我们审视自己和别人的原则；类比可以帮助我们发现各方分歧所在；类比可以帮助我们交流思想。类比的背后是高级的抽象思维。

四、如何把学过的知识在实践中应用

每个人都拥有知识，因为知识是经验总结的产物。

知识并不神奇。比如，你发现太阳从东边升起，第二天还是从东边升起，经过几次验证，你确定了太阳东升西落的规律。这个规律可以重复验证，那太阳东升西落的规律就可以变成知识。

学习也是一样的，其本质就是吸收外面知识的过程。但不要忘记我们本身具

智识升级
让你的付出有回报

备的经验也是指导我们行动的知识。

经验在行动和习惯中产生。学到的新知识很难直接替换掉原本的经验。比如，在国内大家都是靠右走，而在英国等国就是靠左走。这个规则我们一听就懂，但是在行动的过程中，还是会受习惯影响，不自觉地靠右走。

想要应用学到的新知识，就要从中抽象出一个概念，用这个概念类比自己熟悉的事物。

比如，认知是抽象概念，它泛指人对世界的理解。这样的解释理解起来还是很模糊。只有把抽象概念类比到生活中的具体场景里，才有助于我们理解。

人的认知格局不停迭代，就如同让自己避雨的过程。开始的时候，我们用手上的伞避雨，那么这把伞所遮盖的地方就是我们的认知格局。在学到更多知识后，我们用竹亭替换掉了这把伞，我们的认知格局就扩大到竹亭这么大。慢慢地，我们在茅屋、平房、高楼下避雨，我们的认知格局也会随之扩大。

这就是类比的过程，把抽象概念和生活具象场景相结合，有画面，有实物，更方便理解。

学到一个新知识后，马上在自己的理解范围内找到一个对照物，和自己能理解的东西相结合。这个时候知识对于我们来说就不仅是学到的东西了，更是变成了我们可以使用的概念。

学习的过程就是把自己想象成一面墙，而知识就是砖块，有新的砖块就换掉旧的，再把它严丝合缝地镶嵌在自己身上。

在应用的过程中，应使用好"抽象"和"类比"，找到不同事物之间的共同点，用一个概念去发现新的事物。这个过程就是让知识迁移，抓住本质，忽略细节。

事情不可能重复，但其有共同的规律。我们的目标就是找到其本质，使用共同的规律，只有这样才能真正内化知识。

类比的背后是抽象思维，这是学习高手必备的能力。让我们早日成为举一反三的高阶学习者。

5.3　看清学习的本质

学习是这个时代绕不开的话题，焦虑的人要学习，上进的人想学习，改变的人能学习。我也是其中之一，每年花一大笔钱在学习上，而对自己的生活开支就没有那么"慷慨"了，可以想象我对学习有多饥渴。

一开始，学习并非我的本意。我想你的想法和我差不多，本来上班就忙，下班休息一下挺好，为什么要折磨自己。但是不知怎么我突然不得不去学习，满脑子里都是别人的话——你再不努力学习就废了。然后我就开始迷迷糊糊掏钱买课，花钱囤书，表现出一副刻苦求学的样子。

但到了清醒一点的时候，我却感觉自己付出的一切都莫名其妙，什么都没学到，精力、财力、时间却都投进去了。后来，我开始认真审视学习本身，并且逐渐让自己的学习走上正轨。

这里我提供一个全新的、更本质的角度来和大家一起观察学习最初的样子。

一、你用再多方法也学不到内容，因为缺少"习惯性认真"

"习惯性认真"就是做什么事都要快速进入专注状态，而且成为习惯行为。后来我之所以进步快，就是因为"习惯性认真"。这并不是我在吹牛。我通过长期锻炼，已经做到一学习就让自己进入一种隔离状态，这样可以帮助自己全身心投入学习中。

你平时之所以做事和学习效率低，不是因为做不好，而是因为经常分心，不够认真。在从准备学习到进入学习状态的过程中，难免会让自己的注意力分散。

面对这种问题，我从我的侄女身上找到了解决的灵感。

你观察身边的小孩子，会发现他们在对一件事很好奇的时候能很快地进入状态，全神贯注地玩一个在别人看来很无聊的东西。我的侄女也是这样。有一次，我看到她对着树叶玩了足足一上午，那种专心致志的投入把她从环境中抽离出来。此刻的她既不关注身边的其他事，也不在意旁人的眼光，眼睛里就只有这一件事。

单凭随时进入专注状态这一点，小孩子的学习能力就已经完胜大人了。而大人总是会被各种事干扰，最后不是学不会就是贪多嚼不烂。

而这个启示让我最初想到的方法就是发呆。也就是一直盯着一个物品，脑海里想象跟它有关的内容。也许开始的时候会很无聊，但你要克制住自己想做别的事的冲动。

慢慢地，你能在发呆之中找到很多乐趣，如发现这个东西还能跟其他知识产生联系。当你不经意地从遐想中回到现实时，才发现时间已经过了很久。

反复进行"发呆练习"，可以帮助你养成专注、认真的习惯，以后便可以更快地进入"习惯性认真"的状态。在这个充斥着各种吸引物的时代，人们的专注力会更加稀缺，而稀缺的往往都是优势。

二、不要试图通过认真学习而放弃反复练习

你的学习问题还可能出在太自信上，高估自己的能力，想通过一次认真学习替代反复练习。其实，学习本身有自己的规律，要经历一系列必须经历的过程。可能是时间和精力紧张，一部分人听完课、看完书就以为自己完全掌握了。然而，从文字信息转换成知识需要过程，让知识能指导行动又是一个过程。

第五章
学习让我们变得更强大

只有给够时间和精力,才可以真正学习和掌握一些事,不能老是寻找一蹴而就的捷径。

比如,小孩子学习走路唯一的途径就是每次摔跤之后爬起来继续练习。如果按照有些人的思路,事情就会变成这样。

当小孩子摔跤之后,家长就会质疑自己的小孩子是否适合走路,然后跑去网上问诸如"一岁左右的宝宝如何学会走路"等问题。在大家的好心建议下,他花钱买了一个教小孩子走路的课程。课程里告诉他要先掌握平衡,再依靠辅助工具练习走路。

他买了课程之后开始认真学习,觉得自己按照别人的指点一定能教会小孩子走路。然而,大部分人就到此为止了。他们以为自己买了课程,读了几本书,就假装自己的小孩子已经学会走路了。当小孩子真正自己走的时候又摔倒了,一般情况下家长不会想到是练习不足的问题,而是认为别人的方法是不是不够好,要不要再买一个课程学习。

之后,他在网上看到有人说:"一般的小孩子需要练习两个月才能学会走路,购买我的直播课程之后一小时教你的宝宝学会走路。"他看到这种好事忍不住又开始购买。在老师的诀窍灌输下,他感到醍醐灌顶,又一次以为自己完全掌握了老师传授的技巧。等到自己的小孩子行动时依旧不会走路。可殊不知他这样反反复复的消费行为已经造就了一个知识付费产业。

走路是靠一步一个脚印地行动学会的,不是靠总结方法学会的。只有不断摔倒再爬起来,才能学会走路。这才是学习的本质。大家小时候都是这么学会走路的。明明小时候对学习的认知这么清晰,可长大了却对自己的学习反而不自信了。

没人可以靠买地图到达终点,只有靠双脚才能做到。学习就是过程,过程就是学习。

三、学习不能走极端

我有一个朋友开始学习写作，因为没有什么基础，写的质量也参差不齐，所以阅读量自然没那么高。他坚持了一个月之后告诉我自己坚持不下去了。自己每天这么努力，花几小时去写，但没有看到任何反馈。他觉得自己的付出一点价值都没有。

于是，我对朋友说："你刚开始写，别人又不了解你，没人看很正常。你还要继续坚持才行。"

又过了几个月，我看他写的文章还是没有什么改善，于是又告诉他："你这样一直写下去，还是没有人会看。"

他却对我讲："你不是让我继续写下去，不要在意别人的反馈吗？"

我觉得这里出现了一个误解。刚开始我让他不要在意别人的看法，是因为我觉得一开始写不好文章导致没有人看是正常的事。但是写了几个月后，他就应该从反馈中改善自己，改变自己的努力方向了。学习也是这样，刚开始是为了养成学习的习惯，而不是追求学习的效果，但是在度过学习的入门阶段以后，就要在乎学习的反馈了。毕竟反馈不只是学习的收获，还能作为学习方向的参照和标尺。

就像我的朋友写文章一样。读者喜欢你的文章也好，讨厌你的文章也罢，那些赞美和意见都是反馈，帮助你调整自己写作的内容和方向。反馈能让你在学习中进步，没有了反馈，你就不知道自己的努力是否能产生学习效果。

在黑暗中前进需要路灯，在学习中成长需要反馈。

四、不要让不好意思限制你的学习进步

现代人学习的目的没有以前那么纯粹了。

我有一个付费的学习社群，有不少喜欢学习的人加入。可慢慢地，他们都不太喜欢提问了。

我开玩笑地跟他们说:"你们花钱进来却不提问题,那你们这笔钱可就白花了。"

结果他们回道:"不是不想提问,是怕自己懂得少,提的问题太低级而被人笑话。"

面对这种情况,我的脑海里一下子蹦出一句话:为学习不要脸,为成长不要命。

谁都希望自己变得厉害,但不管再厉害的人都是从菜鸟开始成长的,没有人一开始就厉害。人们生活在社会中,在做一件事的时候总是要顾及自己的脸面。但是我想说,学到的知识是自己的,得到的能力也是自己的,不管你好不好意思,这些实实在在的收获总是不会变的。

每个人在学习的过程中,都会遇到很多负面反馈。如果因为别人的看法,就动摇自己求知的决心,那你进步的道路注定是坎坷的。成长的第一步就是让自己变得"皮糙肉厚"。

当你通过知识武装了自己,从一个菜鸟成长起来后,谁还会记得当初别人对你的看法。

学习的过程相当漫长。你需要看清学习的本质,只有这样才能走在正确的道路上。

5.4　告诉你一个管用的阅读方法

读书有益这件事谁都知道。每个人都在喊要努力在阅读中成长。我经常看到有些人非常努力地学习各种阅读方法，却没有换来想要的成长和收获。当出现这种问题时，我想你更应该思考的是读书的本质。

一、关于读书的3个"扎心"事实

一个人无论在什么年纪，有两件事一定要坚持做，那就是读书和跑步，因为它们会让你终身受益。

其实跑步对人身体素质的提升是非常有限的，但是读书可以极大地提高一个人的思想水平。

读书多总是有用的。当没有学问的人为一件事大惊小怪的时候，有学问的人已经见怪不怪；当没有学问的人面对问题焦头烂额的时候，有学问的人却可以见微知著。

我们之所以要读书，目的是获得见识及学习高水平的思维方法。

虽然同样是读书，但是读书人里也分两种人。

第一种人为了掌握技能、应付考试或娱乐而读书。

第二种人没有特别明确的目的，就是为了提升自己。

刚开始读书的时候，作为读者都会显得进步很快。但是长期下来，不同读书目的的读者在思想水平上会有天壤之别。我认为只有第二种人才能被称为"读书人"。

提到读书，我一般不会先跟大家讨论方法，而是问你有没有开始去读。很多人学了一个又一个方法，却从来没有真正读过几本书。

就像字典是一本方便大家识字的书。很多人一直停留在学习查字典的阶段，但很少真正查过字典。这个逻辑看起来很奇怪。

说到这里我不得不提到关于读书的3个"扎心"事实。

第一，大部分人不读那些需要花精力才读得懂的书，他们只是喜欢自己读书时的样子。

第二，就算真正开始读了，大多数人也没有完整地读完一本书。

第三，即使读完了，大多数人也没有读懂。

这样读书得到的结果只有一个，那就是留给自己一堆谈资。这些人平时吹嘘自己读书多，在遇到与书中类似的内容时，感觉很熟悉，但是又讲不出所以然来。

所以，真正的读书没有那么简单，不是单凭一腔热血就行的。有人会阅读，自然收获很大；反之，有人不会阅读，就只是跟风凑热闹而已。

只有为了理解未知的知识而读书，才会认真对待那些书。

读书应该以自我为主，而不是跟着书本走。太多人沉浸在读书技巧和方法中，而缺少从高处重新审视读书的能力。这些人经常不自觉地被书中细节吸引，以为自己找到了方法，其实只是一地鸡毛。

二、什么是"强力研读"式阅读

这里我要和大家说的阅读方法是"强力研读"式阅读。接下来我给大家讲一讲这种阅读方法和平时的阅读方法有什么区别。

先说这两种阅读方法所应对的书籍对象。这里没有歧视，只是侧重点不同。像那些畅销书、工具书、小说，不必用"强力研读"法去读，你想用什么方法就用什么方法。因为读这样的书不需要技巧，用什么方法都可以。一些速读教程最喜欢拿这类书来演示。

其实也没有什么可神奇的。畅销书和工具书基本上都是金字塔模式，里面的逻辑框架都是整理好的。只要从标题开始整理，甚至不需要看具体内容，就可以做出一个思维导图，因为作者就是按照这个框架来写的。所谓速读、跳读和略读都不重要，因为这类书本身就存在框架，只要用"相互穷尽，互不关联"的原则就可以花 30 分钟读完一本书，并且找到它的重点。

真正的阅读收获是读完一本书之后可以加深你对一个领域的理解，获得一种智慧提升的感觉。它不仅能给你带来新知，还能启发你进一步思考，获得"增量知识"。

那么下面我要说说什么是"强力研读"式阅读。

其实它不是什么特别的方法，而是一个理念和态度。它跟我们平时理解的深度阅读差不多，只不过更加追求读书的深度和效率。

如果你读了几十本书，还没有形成自己的知识体系，没有找到自己思考问题的方式，也没有用里面的知识影响或改变你的生活，只是记一堆笔记和书评，那么你这样就算一年读 100 本书也是没有意义的。这里不讨论它们的对错，只是它们不是你追求的方向。

之所以称之为"强力研读"，是因为力求在每次读书时，都尽可能把书中有价值的地方挖掘出来。按照我的话来讲，就是在每次读书时都要想办法把这本书"榨干"，只有这样才对得起读书时所耗费的精力。

用"强力研读"法读书，既不是什么快乐学习，也不会有什么游戏化设计。它一点都不好玩。如果你想边学边玩，那么"强力研读"法并不适合你。

用"强力研读"法读书有 3 点特征。

第一，不好玩。

读书就是为了学习新知，不是为了娱乐。读书就要好好读，不需要哄着去读。要知道自己为什么学习，而不是为了一点小奖励就冲动读书。只有用严肃的态度去读书，才能把书中的知识通过思考转换成自己的知识。

第二，用时少。

"强力研读"法最不追求的就是读书的数量。它只关注你有没有读进去，有没有启发思考，能不能有自己的理解，能不能提出自己的问题并且用书中的知识解答。使用"强力研读"法，你需要全神贯注地去读书，而且在读书的过程中完全沉浸其中，不能被环境打扰，也不能中断。

在这个要求下，普通人一天有两小时的读书时间就很不错了。所以，你每天给自己安排的任务量也应是两小时左右——比如读30页，思考3个问题，写500字读书笔记。

第三，不追求快。

很多人都希望自己读书速度快，这一点我一直不能理解。我觉得读书速度快根本没有用，除非你的读书时间是有限的。毕竟每个人的眼睛都不是租来的。

市面上有很多阅读方法。在我看来，那些教人怎么用30分钟读完一本书的方法可以应用的书，根本不配让我们阅读。

读书不在于读书的速读，也不在于读书的数量。如果你快速地读完一本书，那样既没有获得多少新知，自然也不需要消耗太多精力。

读书的目的就是在学习区努力。所以，要慢慢读，好好读，认真读。要为了学习而读书，而不是为了完成任务而读书。

记忆分短期记忆、中期记忆、长期记忆。要想形成长期记忆，就必须把自己长期浸泡在信息的氛围里。就好像一些流行歌曲，你都没有认真听过、记过歌词，但你还是会唱。这是因为你每天在各个地方都可以听到它们。这些歌曲通过长期影响，从而被我们记住了。

要想真正从读书中获得收获，就得慢慢读，慢慢吸收和思考"增量知识"。

三、怎样进行"强力研读"

读书是为了学习，或者说那些为了休闲而读书的行为不在我们的讨论范围内。现在有一种不好的现象，就是很多人把娱乐当成阅读，用听书代替读书。

读书至少有两个收获，那就是获得新知和启发思考。至于记住书中的信息，其实那只是最低级的"收货"方式。

"强力研读"的方法其实很简单，就是一本书读两遍，而且最好读完一遍马上再读一遍。

第一遍先跟着作者所写的脉络通读，不需要速读，慢慢看即可，感受作者的思路。这一遍跟平时读书没有什么差别，也不需要刻意注意什么。

重点是第二遍。在读第二遍的时候你已经了解了书中大致的内容，就不需要再逐字逐句阅读，可以直接看理论，忽略论证的过程。一本书主要表达的理论就那么几个，剩下的其实都是在论证这些理论。

第一遍通读的时候，你已经经历了作者的论证过程，第二遍你就可以根据自己思路理解它。因为作者举的案例不一定适合你，也可能存在文化差异。他举这些案例也只是为了论证理论，所以你能理解理论就行，不一定非要按照他的论证过程去思考。

第一遍的重点是了解，第二遍的重点是思考。

四、为什么要读两遍

我之所以强调要读两遍，是因为在读第一遍的时候，你很容易陷入作者的思路中，没有多余的精力进行自己的思考。只有当你读第二遍的时候，你才能对书中的观点有自己的想法和理解。

经过第一遍阅读，你能接受和理解作者表达的内容就算很不错了。如果你在阅读的时候期待进行更多的思考，那样会很容易打断阅读思路。你只需要把那些重点的地方标记下来，待到第二遍阅读的时候再去注意它们。

简而言之，第一遍阅读是为了让自己陷进书中，第二遍阅读是为了让自己从作者的思路中跳出来。也就是先跟着作者的思路走，再站在局外了解作者的观点。所以，你不要太崇拜书籍本身。因为文字只是知识的载体，既可能给你带来新知，也可能其中什么思想都没有。

第二遍阅读才是"强力研读"的关键。

如果你只是关注书中表达的内容，其实在读完这本书之后你就会遗忘其中的细节。"强力研读"的关键就是把书中的精华"带走"。

带走就是依靠思考获得"增量知识"。如果你只是记录金句和理论，回头就会忘记。只有将通过自己思考得到的新思路和现实生活结合在一起，才算获得了真正属于自己的知识。

要想在读第二遍的时候"跳出来"，就要做好读书笔记，读一章记一章笔记，直到读完为止。之所以要跳出来，就是为了不受书籍本身的影响，可以自己思考，产出内容。

五、怎样才算好的读书笔记

每个人都知道在读书的时候应该记笔记。有的人用思维导图，有的人写中心思想，更多的人是记录流水账、金句等。就好像你记录一座山，只说多高、多大、多少块石头，虽然很详细，但是这样的笔记没有什么意义。这类笔记我统称为抄书笔记。在我看来，它们没有思考，没有启发，只有复制。

而在记录的过程中，真正好的读书笔记有以下4个要求。

第一，要清晰地表现每章的逻辑和脉络。比如，记录这一章重点的理论、观点和思路。

真正好的读书笔记的第一个要求就是要有清晰的脉络。根据脉络推进一本书的阅读，当下次看到读书笔记的时候就知道这本书的框架是什么。因为一本书中真正提到的理论可能没有多少，大部分内容都是针对这个理论的论证。如果你能

智识升级
让你的付出有回报

抓住脉络就可以跳过论证过程，直接抓住本质。

你要像记录故事线一样，把开头、分支、阶段等都记录下来。而且在记录的时候切记不要照抄原文，一定要转换成自己的语言重新表达原意，哪怕自己表达的内容没有原文好。这个训练过程不能缺少。只有通过转换输出的内容，才是属于你的东西，才会让你印象深刻。

第二，要"带走"书中所有的亮点。要记录这本书真正的核心观点、可能对你有帮助的部分，以及获取能启发你思考、看了就想实践的内容。

大部分人在读完一本书之后都是茫然的，发现自己并没有得到什么启发或收获，感觉自己看了很多内容，但是脑子里一点都记不起来。出现这个问题的原因在于过于追求全面。书中真正让人印象深刻的都是鲜活的案例，其他的论述很难让人记住。

所以，不要记太多重点，不然最后你可能分不清哪个才是真正的重点，导致最终自己能记住的只有印象、风格、个性等模糊的认知。除记录脉络或框架外，还要记录那些使你产生冲击或令你拍案叫绝的段落。这些鲜活的冲击就是这本书的亮点。

读书就是为了刺激思考，先分析脉络、忽略故事，再回头找到亮点、带走故事。

第三，要有大量自己的看法和心得。

读完书又把书中的金句和理论等摘抄出来，其实并没有什么用，就好像看到一篇好文章顺手点了收藏一样。如果不经过处理，这些东西并不会变成自己的知识。

你看到的道理太多了，说起来都是一堆干巴巴的方法。关键还是得有自己的想法，跟自己的生活联系起来，哪怕是很弱的联系。只有那些跟自己有关的知识，才能真正影响或改变你。

要想让这些知识跟自己产生作用，首先要跟知识产生联系。那些你认为跟自己无关的知识，肯定不会对你的生活产生任何作用。

我之所以推荐"强力研读"法，就是因为这是一种更主动的阅读方法。你应

第五章
学习让我们变得更强大

该不只是关注书中说了什么,还要主动表达自己的看法,就好像和作者对话一样。甚至你可以比作者思考得还要深刻。如果一本书能真正吸引你去阅读,那你在读完之后不可能一点想法都没有。通过阅读,你不仅要带走书中的知识,还要获得新的灵感。

这些都是很宝贵的读书思考。这些灵感才是你读书后真正的收获,比原书的内容更有价值。

第四,发现这本书和以前读过的其他书或文章之间的联系。

当你读过的书多到一定程度时,你会慢慢发现很多书最终都指向一个方向,每本书都不是孤岛,它们的理念有一个共同的脉络。读多了你就会发现书中关于作者真正的新思考很少,很多书都是反复对一个理念进行解读。

在读完一本书之后,要能跟你以前读过的书联系起来。比如,它们的共通之处是什么,有哪些不同点等。你要清楚自己还在哪本书上看过类似的观点,判断它们说的只是个例还是普遍的理论。

有时候偶尔看见一个好的理论,你会刻意地关注跟它有关的解释、书本内容、网上文章等,然后通过组合阅读,对这个理论有了更深的认识。紧接着,你再通过自己的理解,重新整理出了一篇文章。这也可以说你带动了知识的进步,而你也获得了从众多知识里整理论证、自己提问、自己研究解答的能力。

有了独立研究的能力,你自然可以分辨哪些书的内容是靠谱的,又有哪些书说得不对。这个时候其实你已经跟这些作者完全平等地在做学问了。

读完一本书写出一份好的读书笔记,是你对这本书最大的敬意。而且读书笔记就是个人的事,不必像书评一样精美,也不用考虑别人是否能看懂。这就是你写给自己的读书笔记,所以记录起来不要有太大压力。文笔不好不怕,思考稚嫩也不怕,反正它都是写给自己的。

只有避免无效阅读,才能提高学习力。"强力研读"法对于拓展阅读的深度、提高阅读的效率非常管用。

第六章

Cognition Upgrade

职场生存法则

第六章
职场生存法则

6.1 职场上的说话经

以前和别人讨论问题,最令我烦恼的就是对方讲了半天都没讲清楚,重点也没表达出来。

有一次,有位网友请我帮他分析遇到的问题。我和他沟通了两小时,但真正分析问题的时间不到半小时。在额外的一个半小时中,我一直在试图弄清楚他说的是什么内容。而他想表达的问题其实很简单,那就是他面临两份不同的工作抉择,请我帮他拿主意。而那两份工作跟我们经常遇到的情况差不多:一份是比较稳定的工作,另一份是波动大但是前景光明的工作。

我在倾听的过程中,感觉他说的到处都是"无底洞",自己随时都有可能陷入问题黑洞。因为这位网友说起来没完没了,一直讲个不停,可就是没有重点。

本来想要表达的事情很简单,就是翻来覆去地说不清楚。在平时聊天时出现这种情况也不是什么大事,可如果是在正式沟通的时候,我们一定要想清楚再开始。

毕竟不浪费别人的时间是最好的礼貌。如果通过一次沟通给别人留下糟糕的印象,那后面我们需要更多次沟通才能打破它。

一、讲不到重点的困扰

很多人说话不能直入主题,就像迷路了一样。

当我们在说话的时候,尤其是在讲和自己有关的事时,总是不自觉地描述过程。过多地描述过程，而不是直接说结果，会让倾听的人在等待中变得烦躁。

举一个例子。有一次，在每月工作总结会议上，同事汇报自己的工作。其实他的工作能力没有问题，就是在跟老板汇报的时候过多地描述自己的工作过程，想要在不经意间展示自己勤奋的工作态度。他说了很多关于自己为了这个项目付出多少、克服了各种工作困难的细节。足足讲了半小时，我注意到老板的脸都黑了。

同事本来是想邀功的，可他却迟迟没有讲到重点，诸如项目进度如何、收益怎么样、还需要多久才能完成等。他简单地以为自己把过程说得曲折一点，就可以在老板的心目中树立自己能力强的形象。

许多人都有以过程为谈论中心的倾向，尤其是在谈"甘苦"时最明显。

例如，在跟客户谈订单的时候，许多人不知不觉地把自己的努力与辛苦当作重点，花许多时间说明事情的前因后果，结果白白浪费时间。对多数客户来说，他们想要的往往不是经过，而是最终的结果。交期、质量、成本才是合作的关键和基础。

说话没有重点，没有主次之分，哪怕有再多机会都会被浪费。

如果每次聊天时别人都在拼命梳理你所讲的内容，那只会让别人觉得你的能力不行。

二、说话请适度

一个资深的人力总监跟我说过："以我们多年的用人经验来看，说话不得要领的人，做事也会迷糊，而说话简洁的人，做事肯定也会干练。"

他的观点可能有偏颇的地方，但很多人已经达成了这样的共识。人的主观印象和第一印象最难打破。而大家相互了解最直接的途径之一，就是平时的沟通。说话本身，就是思考能力的展示。沟通能力很关键。

我身边有很多有能力的朋友，他们中的很多人都觉得自己怀才不遇。根据大家平时的表现，我总结出两个最大的阻碍。

最常见的就是话太多，说起来没完，不分场合地废话连篇。说话的人可能觉得自己不是这个样子；但在围观的人看来，他就是以自我为中心，感受不到别人的情绪变化。这类人往往以为自己是备受瞩目的中心，其实不过是跳梁小丑。

另一种反而是话太少，有实力不说，让好的机会白白浪费。

话太少也不好。有些人因为内向，不好意思表现自己，也有人觉得展示等于炫耀。其实在这个信息发达的时代，大家的注意力会被无限分散。有时候自己厉害别人却不知道，等于你根本不厉害。

再好的产品，都需要运营自己。只有展示自己的价值，才能让自己的才华有地方施展。这才是真正需要自己长期训练的能力。

三、开口要能说重点

往往被尊重的人，并非讲起话来眉飞色舞的人，而是知道如何在最短的时间内把最重要的事情说明白的人。

当然，说话是需要练习的。会说话和会沟通是不一样的能力。真正会沟通的人，必须有概括和开口就能说重点的能力。这样的人不需要讲太多，只要开口就有足够的分量。一句顶一万句，一言可解万语。

我们要从概括能力开始练习，从清晰的思路、简练的语言到概括和表达。概括能力练习，从以下3个方面开始。

1. 关键词

比如，"今天写的文章获奖了，同时阅读量也很高。"其中，"获奖""阅读量高"都是关键词。我们在讲话时要先提取关键词，再串联出讲话的内容。

2. 重点

比如，"客户说能不能增加两台设备，这样可以提高效率，周二要出货。"其中,"周二出货"才是这句话的重点。只有找到重点才可以提高沟通效率。

3. 结论

比如,"写的文章看的人少,阅读量不好,需要平台加以推荐。要想被推荐就要原创。好的原创内容,被推荐的概率也会提高。"原创才能提高阅读量,这就是结论。

在沟通的时候,要想提高效率,就要想好自己的关键词、重点和结论是哪些。通过多练习,我们的概括能力就会提高。我们要从基本的概括能力开始,慢慢提高,这是一个过程。

很多时候我们以为自己想清楚了,但在说的时候思路跟不上嘴巴,导致在讲话的时候磕磕绊绊,说了一连串口头禅也没有表达好内容。因此,以后我们在讲话的时候要结论先行。有时候自己解释完了,才发现别人觉得没用,耽误了最佳的沟通时间。

要想提高效率,还要加强讲话的紧迫感,要求自己在规定的时间内讲完。当然,这是一个长期训练的过程。相信经过训练,你也可以开口就能说重点。

四、常见的3个沟通实战问题

有一次,我参加一个线下活动。嘉宾分享完活动内容后,准备了3个提问名额。我的朋友得到了其中一个机会。

结果轮到他提问的时候,他觉得嘉宾分享的有些内容似懂非懂,可是想了半天却没有提出一个好问题。最后,他只能用一句"谢谢"结束了他的提问环节。

下面说说我们可能遇到的3个沟通实战问题。

1. 不知道如何提问

这就属于提问能力不足。这里有一个简单的方法。如果是现场提问,在听对方阐述的过程中,我们就要标记下自己不理解的部分,然后在自己的问题中设置先后顺序，并找到最重要的问题。这样如果时间来不及，那我们最关注的问题也可以得到解答。

我们向别人请教，基本上都是对方能力高于自己。这个时候我们要更加珍惜机会，节约时间。

2. 不知道如何在工作中沟通

这里主要是针对职场人士的建议。工作沟通最注重的就是效率。如果想提高自己的沟通能力，记住下面的 3 个重点。

第一，直奔主题。工作是公事，不用过多铺垫，直奔主题反而提高效率。

第二，厘清思路。很多我们以为自己想明白的事，在讲话的时候却经常磕磕绊绊，这是因为我们没有真正地厘清思路。我们可以先在一张纸上对自己的思路进行串联。

第三，设定目标。做事有目标，才有努力的方向。带着目标去沟通，可以让双方快速进入状态。

不做无用的沟通，是提高效率最有效的方法。

3. 不知道如何道歉

很多人都觉得自己会道歉，认为真诚是最好的道歉。其实道歉也有流程。道歉不只是为了表达歉意，因为不是所有的道歉都会得到原谅。

我们在工作上除了要考虑自己的情绪，还要考虑工作的进程。成熟的道歉的标志就是分得清孰轻孰重。道歉更重要的目的是让沟通继续进行，最终能解决大家的问题。只有把问题解决了，我们的道歉才真正有用。

有用的道歉应具备 3 个原则：承认错误、承担责任、给出方案。

大部分问题并非事情对立，而是观点对立。很多人觉得让对方承认错误，是证明自己没错的最好方式，但其实这种想法是不对的。如果两个人在争执，其中一个人承认错误，认为自己确实在这个问题上考虑不周，那么这个时候对方在大部分情况下就不会再继续纠缠对错的问题。

智识升级
让你的付出有回报

　　承担自己该负的责任，给出解决方案，是解决问题的最好方式。对错的争论永远没有尽头，真正把问题解决了才是正题。工作上的争辩不是为了争一个对错，而是为了解决问题。

　　不只是在沟通问题上，很多事情追根到最后，都是思维能力的问题。一个人思考要有重点，做事要有目标，要解决问题就得找必要条件。

　　只有意识到在沟通中遇到的问题，才能有针对性地解决它。不浪费别人的时间是最好的礼貌，说得再多，也不如开门见山得好。希望大家都能在沟通时更加轻松、高效。

6.2　如何利用业余时间提升自我

我曾经收到过一些人的留言，说自己刚开始工作的时候不懂事，每天按部就班地工作，没有多学点工作技能，就算老同事经常劝自己也没往心里去，等到醒悟的时候已经30多岁了。在这个年龄段，一个人如果没有一项能够立足的能力和特长，还想在职场中出人头地简直太难了。

很多人懂得这个道理的时候已经太晚了。他们再想努力学习，心态也早就不在了。结果就是开始混日子，干一天混一天……

我想这不是个例。很多人在入职两年后，基本上就已经停止获取新的能力了。在这里我想给那些在职场中没有特长的年轻人一点建议。

一、一定要开始"自学"

很多人在遇到烦恼或焦虑时会向我求助，我也比较了解大家的焦虑点是什么。最大的焦虑点就是他们觉得自己没有什么特长，职场竞争力比较弱。我的建议就是"自学"。

以前我们觉得自学是没法上学的人才需要的学习方式，这都是旧观念了。职场人自学的两个因素如下。

第一，不在学校也可以学习，而且方式很多，有网络，有课程，有书本。

第二，传统教育比较死板，无法对每个学生因材施教。

所以说，我们的业余时间是自学的好机会。因为我们有了社会经验，也知道自己想要学什么了。一个能够自立的人，就应该以自学为主。

二、只有自学才是"我要学"

被传统教育系统教育出来的人，基本上一离开学校就失去了学习的动力。加上工作忙，大家就更不想学习了。正是因为具备这种想法，我们才错失了很多学习的机会。只要自己的能力不符合自己职业规划的需要，就需要学习。这个思路一定要厘清。

在学校时，我们都是被动地考试，被动地学习知识，往往大家只有学习，没有思考。离开学校之后，其实现在大部分知识都可以通过自学获得。只要我们的文字阅读能力正常，理解能力正常，不是特别专业的知识都可以通过自学获得。

自学的好处就是可以掌控自己的学习节奏。懂的知识就快点看，不懂的就慢点看，看完忘了还能翻回去看。如果在学校课堂上，我们有一段知识没听懂，就很少有机会能让老师暂停一下再讲一遍。

这就是掌控感的差别，造就了"要我学"和"我要学"的区别。

我们在自学中能决定自己学什么、用什么方式学，自己掌控学习节奏，自己检验学习成果，这样的学习才是"我要学"。而且我们的自学不受地点、时间、年龄的限制。

只要心智成熟，就可以随时开始自学。

三、自学需要准备什么

自学需要的学习资料基本上都可以在网上搜到。在网络时代，收集学习资料已经不是问题。我们真正应该考虑的问题是自学的前提。

自学的前提是会"自教"。我们要清楚自己选择什么资料，制定什么样的目标，每天怎么安排执行。想成功学习需要具备两个基本能力。

第一，自信心。

首先得有自信心。自学肯定会遇到很多问题，如读不进去、读不懂、学不会。

如果一开始就不相信自己能学会，把认知思考都封闭起来，那是无法学到新东西的，所以我们在自学的时候要有足够的自信心才行。

自信心的来源也很简单，首先是文字阅读能力，只要能通过文字获得信息就够用了。其次是相信时间的力量。一本 200 页的书，一天看 20 页，10 天就能看完。无论做什么事都怕投入足够的时间和精力。

第二，自我管理能力。

方法都是简单的，可再好的方法也害怕不去使用。

要想自学，就得能管住自己。我们要能做到到了时间可以主动坐下来开始学习。这里需要意志力、自控力、时间管理能力、目标管理能力等。所以，我们不能只有自信心，还得真去干活。

四、一个完整的自学准备流程

接下来，我们来看看一个完整的自学准备流程是怎样的。

第一，得先确定自己要学什么，然后去网上搜索有关的学习资料，把与学习相关的资料准备好。在自学时要相信一点，自己遇到的问题肯定有人也遇到过。

第二，制订学习计划。我们要清楚先学什么，用什么做练习操作。边学边操作是最好的学习方法。最好能在固定的学习时间、固定的学习地点学习，每天记录自己的学习日志，以便以后追踪自己的学习进度。

第三，制定保障学习的机制。很多时候不是方法的问题，也不是计划的问题，而是没有马上去行动。制订好了计划，我们就应该在该学习的时候开始学习，养成不拖延的好习惯。我们还要能时刻判断出自己有没有学到位，制定一个有效的评判机制来考核自己，从而随时监控自己的学习状态、学习进度及学习成果。

只有做好这些准备，才能真正开始自学之路。

五、自学的方法是怎样的

这里我先讲一个故事。

有一位 18 岁的美国移民在沃顿商学院读书。他在学校学习期间被概率和风险管理吸引。

他听了几次课后觉得老师讲得不够明白，但是他又没有更好的解释。于是，他做了一个非常大胆的决定。他跑到书店里把所有关于"随机"和"概率"的书都买回家，然后也不去上课，不看报纸，只读这些书。

他用了 5 年的时间专门研究随机现象，后来把自己的研究成果写成了一本书。他就是《黑天鹅》的作者——纳西姆·塔勒布。他也是一位自学者。

这个故事听起来很振奋，恨不得自己也找个领域潜心研究，等到有一天名扬天下。

其实我们的大部分知识都来源于自学。这里的意思是指我们在过往的经验和反馈中学习。

自学的准备流程我们已经知道了，但真正开始自学的时候，其实考验的是我们通过文字获取信息的能力。自学就是自己阅读资料，自己寻找问题，自己尝试解决。这一切的基础都是阅读大量文字，从中获取信息。

而信息获取能力就像肌肉一样，只有通过大量练习才能获得。论文读得下，专业书读得懂，资料书读得快，这些都跟我们的信息获取能力有关。我把信息获取能力分为 3 级。

第一级，读完一段话抓住重点。

我们从小学就开始练习写中心思想，按现在的理解其实就是抓重点。每个人都可以说出一本书的重点，但是每个重点又都不同，因为每个人的感受不同。有些人觉得这是重点，但可能其他人根本不在意。我们都喜欢关注跟自己有关的内容，能看到跟自己有关的重点也是一种能力。

最基本的记录重点的方式就是记笔记。比如，大名鼎鼎的记笔记方法——康奈尔笔记法。

无论是读书还是听课，我们都可以记录自己认为重要的点，在复习的时候写下线索思考，在文章的最后写下总结。这里的重点是不能抄书，必须用自己的语言重新诠释一遍，最好还能结合相关的内容。

能把一本书或一个事件的框架或脉络、关键词总结出来，就算是把一本书从"厚"读"薄"了。

第二级，根据问题从相关书里找到答案。

读书不是为了把书"背"在身上，而是为了解决具体问题。拿到一个问题之后，要能从书中找到答案，或者看完一本书之后，要能提出自己的问题，并且从中找到解决方案。

自学不是为了背书，也不是为了学那些随便就可以搜到的解决方案，而是为了把自己想了解的概念弄清楚。不必过度在意作者表达的内容，要敢于批判和质疑内容，并且多看几本书相互论证。

书本只是知识的载体，不代表它就是真理。我们在阅读之后要敢于跳出书本的限制，要有一个心态转变，即从"看书获取知识"转变成"书是为自己服务的"。

这个时候我们就有一股勇气，敢于质疑书中的知识，敢于挑战现有的知识体系。我们要有用自己研究问题的能力去寻找和论证出新答案的勇气。

书在出版之后，其中的知识就已经定型，而世界一直在运转。我们要相信自己掌握的知识最终会超越书中的知识。

第三级，建立属于自己的知识体系。

古人有智慧，但是常常没办法用它指导行动。因为这些要么都是经验之谈，

智识升级
让你的付出有回报

要么就是事后总结，没有可预测性，自然就没有控制和干预作用。

什么是科学知识？科学知识就是在事物正在发展的时候能给出预期，并且结果符合预期的知识。

而知识体系就是一套具体的、相关的知识。我们对于不同的问题要有不同的观点，并且要有自己完整的思路分类，同时记录下不同问题的积累心得和使用技巧。

有属于自己的知识体系的人看待问题有独特的视角，绝对不会说一句平淡的废话，能直达本质、字字见血地表达观点。

想拥有属于自己的知识体系，在学习的开始就要慢慢规划，在不同的领域慢慢细分。我们得知道这个领域的框架或脉络、要点和问题，以及自己想要得到什么。有了知识体系就知道自己在不同阶段需要学什么知识，还有哪些知识需要补充学习。

体系的好处就是完善。在铺开之后，自己哪里有漏洞一看便知，看到不足就及时改正。

建立属于自己的知识体系之后，会有很强的成就感。有了体系，我们通过文字自学的阶段差不多也就到头了。剩下的就需要实操演练，不断在使用中迭代。

6.3　站在职场的十字路口

我这个人就喜欢折腾，每隔几年就换一种赚钱方式。无论结果如何，我都能从成长的过程中获得幸福感。也有一些朋友有类似的想法。他们本来一直在纠结，但是在看到我的情况后，现在也下定决心要辞职了。

这里我要泼一盆冷水，我之所以会有辞职的举动，是因为我已经权衡好了利弊，也愿意承担辞职带来的后果。如果你也想辞职，我建议还是慎重一点。很多时候并不是辞职的好时机。

如果只是一时不开心，不要辞职，因为不管去任何公司做事，都会有不开心的时候；如果只是一时困难，也不要辞职，因为辞职是在逃避问题，只有面对问题、解决问题才能成长。

我相信自己可以自律地把任何事做好。如果你在辞职后无法控制自己，只是逼迫自己去做事，那你很难坚持太久。自控其实是有点反人性的，需要有紧迫感、责任感、使命感。

对于我来讲，与其说是辞职，不如说是更专心地去做事。因为在通常情况下，我在业余时间比上班时间更忙碌。

辞职是人人都要面对的事，辞职也意味着改变。但是靠什么生存、可不可持续、能不能自律等因素对未来的影响很大。你需要考虑清楚之后再做决定。

一、永远没有命中注定的工作

适合的工作很难马上找到。每个人在开始的时候都不知道自己擅长什么领域。

这里有一点要告诉大家,那就是不存在一个完美匹配自己的事业藏在那里等待我们去寻找。我们喜欢的工作往往并不是找到的,而是在尝试中塑造出来的。

我们之所以会喜欢一份工作,源于前期阶段的尝试。通过尝试、反馈、改进、征服、选择、验证,一份适合自己的工作才会出现在我们眼前。

不要被自己过往的经验限制。有人觉得自己以前是做什么工作的,后面在找工作的时候就继续寻找相关的工作。如果不是特别专业的工作,那么以前积累的经验其实不足挂齿。我们应该更多关注怎么能发挥自己的优势,而不是为了那一点工作经验固守阵地。

经验是可以再积累的,而自己的优势埋没了,就会失去竞争力。

二、事业如何选择

我们在思考一些有关事业的问题时,常常容易被过往的经验所限制,只看到眼前。诸如我们要从事什么样的工作、是否要转行、转行需要做什么准备等。

技能也好,经验也罢,这些都是表象的积累,而并非我们真正的核心优势。下面两点会影响我们的事业。

第一,经过仔细思考、周密计划的人生方向。也就是在做一件事之前,是否瞄准了我们的最终目标、完成了很多计划或准备。

第二,对预期机会、应急机会的把握。当我们面对意外出现的机会时,是否能采取策略把握机会。

罗永浩早年讲过一个故事:新东方老板俞敏洪申请出国,准备去美国闯出一番属于自己的天地。由于出国申请的审批时间较长,他就办一些英语培训为自己的海外之行筹措点生活费。可他没想到无心插柳柳成荫,自己的英语培训竟然越办越好。于是，俞敏洪干脆放弃了出国奋斗的打算，留在国内创建了现在的新东方。如果那个时候他坚持去美国，说不准现在的事业会发展成什么样呢。

我们在开始的时候都有自己的计划。但是当我们在前进的路上遇到更好的机会时，也不用傻乎乎地继续前进，而是抓住唾手可得的机会。

我们的人生规划总是处在周密战略和应急战略相互交错和调整的状态。当应急战略被证明有效时，就会快速上升为周密战略。

影响我们做职业选择的因素有很多，最常见的是下面这3个层面。

第一，用经验对比去选择自己的职业。

在工作之前每个人都不知道自己最终会做什么，只能先找一个还算不错的尝试。

问题就出在尝试这里。当一个人尝试一份工作之后，便会倾向于继续寻找相关的工作。我们往往会被这次尝试体验带来的工作经验所限制，觉得自己有经验了，就应该继续在这一领域发挥优势。

很多人会将选择这一领域的哪家公司、做什么工作、要不要在这家公司继续做这3个角度作为自己职业生涯选择的依据。

第二，根据自己的能力、喜好、价值选择工作。

我们常常思考自己的能力是什么、自己喜欢什么样的工作状态、工作能够给自己带来的价值是什么。常常站在这个层面做职业选择的人，就不太会被具体的岗位、工作所限制。

比如，有的人通过之前的工作经历，发现自己在处理人际关系、安排工作计划方面比较擅长，自己独立处理事情、思考分析的能力还可以。这些都是自己的优势。通过这些优势，我们在之后的职业选择中，就不会再受制于之前的工作经验，而是思考怎么能更好地发挥自己的优势。在这个职业选择的过程中，看起来岗位在变，实际上我们一直在从事自己擅长和热爱的工作。

站在这个层面选择职业，就比第一个层面要更深刻。

第三，思考的是人生真正重要的事情是什么。

这个层面有点高，如果你基本上想通了，就可以找到终生的事业。我也在思考着，不过现在一切都不够明朗。

我们的世界观和价值观对我们的决策影响最大。因为大多数人可能工作很多年，只是无意识地在做"别人认为我应该成为的样子"，而没有认真地思考"自己真正可能成为的自我"。

我总结的经验就是，我们要找到自己的优势，不要被过往所限制，有机会就抓住，在长远地思考方向的同时，不放过眼前的每个机会。

三、如何开始转行

无论什么方法，我最不推荐的就是在想要转行时直接跳车。

转换赛道是一个渐进的过程，而不是一个跳车的过程，除非你遇到一个天大的机会。哪怕是天上掉下馅饼，你也得考虑自己是否能接得住。

有一个朋友在一家公司做文员。他常常说自己喜欢写作，想辞职做自媒体。我劝他要弄清楚爱好和工作的区别，爱好是想写就写，想停就停，不用管阅读量、市场偏好这些因素。可一旦它变成了工作，那一切就都变了。

我们不能把自己的初衷和事业混为一谈。如果你找到了要做的事业，我在这里给你几条建议。

1. 不要直接跳车，先做点准备

网上经常流传出某人"裸辞"的新闻，很多人觉得这样干脆利落的决定很帅。可大家不知道的现实是，这样做可能导致很多公司把他们拉入黑名单。普通人这样做，往往会把自己陷入没有存款、工作也没有找到的困境。

有实力的人"裸辞"才会帅气，没实力的人只有丧气。你可能觉得他们很勇敢，但以目前的社会环境来说，还不能马上接受这样的思想。所以，在转行之前，一定要存够半年的开销。据我所知，很多人在开始转行前，都是准备了3年的开

销，才真正辞职的。

2. 先了解自己想做的领域

很多时候我们的想象和现实是天差地别的。往往我们想象得很美好，可现实却很残酷。要想拉近想象和现实之间的距离，最好的方法就先建立起新领域的人脉关系。在了解了新领域的种种之后，才可以做出更好的判断。

3. 给自己找一个新领域的领路人

转行成功的关键，就是给自己找一个师傅。对于我们来说，新领域的知识不过只是基础，我们更多的是需要隐性的经验。

有一个比较熟悉该领域的师傅，可以帮助我们少走很多弯路，还可以给我们提供反馈。

我在进入一个自己未知的领域的时候，就拜了很多师傅。我从他们那里学习了很多经验，因此少走了不少弯路。很多需要自己好久才能领悟的东西，可能别人用几句话就讲清楚了。

四、找机会先体验新领域的工作

我们找到自己想做的事，在真正转行之前，尽量先找机会体验一下，起码可以知道它跟自己想象得是否一样。

就拿写作来说。我以前都不敢全职写作，生怕自己写不出好的文章，反而让自己陷入进退维谷的困境。有很多隐藏的工作问题，只有自己亲身体验才能体会到。

如果你想靠写作赚钱，可以先尝试在各个平台投稿；如果你想做一个咖啡师，可以先去咖啡店做兼职。这些兼职带来的经验，能帮助你更加清楚地认识到自己想要涉足的领域。

在尝试时要注意以下几点。

智识升级
让你的付出有回报

第一，列出遇到各种问题的可能性。

第二，在尝试的过程中不断挖掘出自己的错误。

第三，思考在想要涉足的领域中如何发展自己新的人脉关系。

只有在自己现有的人脉关系之外，发展出新的人脉关系，才有更大的成功转行的可能。

影响我们转行最大的问题，不只是能力匹配问题，还有来自身边人的看法。

如果只是能力不足的问题，我们可以通过学习来进步，可身边人的种种看法就很难在短时间内改变了。

比如，你一直是两点一线混日子，有一天你突然想要改变自己，开始奋发图强，谋求进步。那么你在自我改变的过程中就很可能受到别人的不理解，甚至是出言嘲讽。毕竟大家的情况差不多。他们会根据自己的经验，出主意劝你放弃。

尤其是在短期内没有收益的时候，他们更会反对你、阻碍你，而不是帮助你、鼓励你。很多人都会按照你过去的样子、过去的行为方式来评价你。你将面临的各类阻力可想而知。

在转行的过程中，我们想要找到改变的动力，想要让自己更坚定地走下去，获得精神上的支持，就应该和从事新领域的人或有类似转行经验的人一起交流，并找到自己的导师，跳出过去的人脉圈子，建立新的社交网络。他们不仅能给我们提供技术上的支持，还能给我们提供精神和感情上的支持，并帮助我们坚定地走下去。

下定决心转行后，我们进入新领域最关键的3个步骤如下。

（1）找到自己的优势。

（2）继续不断尝试。

（3）在新领域建立新的人脉关系。

尝试、调整、改进、坚持，是我们适应新领域最好的方法。我们辞职不是为了不工作，而是为了更好地为自己工作。

6.4　快速进入工作状态的诀窍

每个人都会面临不在状态的问题。每次不在状态的时候,我都会在房间里走3圈,做10个深蹲和手臂伸展,然后打开平时写作时常听的歌单。甚至为了方便喝水,我直接把饮水机都搬到电脑旁了。

这听着不像写作,倒像一种仪式。其实正是这套流程,帮助我每天都能高效率地工作。而这套流程是我经过长期实验总结出来的。

一、固定流程是顺利进入状态的好办法

作家村上春树几十年不变的生活习惯,就是每天早上四五点起床,晚上九点就寝。

他曾经说过:

"写长篇小说时,基本都是凌晨四点左右起床,从来不用闹钟,泡咖啡,吃点心,就立即开始工作。重点是,要马上进入工作,不能拖拖拉拉。

"我每天重复着这种作息,从不改变,这种重复本身变得很重要,就像一种催眠术,我沉醉于自我,进入意识的更深处。"

多年的习惯已经变成了村上春树的日常流程,因为这些习惯能让他更快地进入写作状态。

就我而言,我现在用的键盘其实已经很旧了,但我轻易不会换,就是怕自己

的写作感觉没了。这个键盘见证了我在新媒体领域从无到有的改变，这就是我的"幸运键盘"。迷信与否并不重要，重要的是这个键盘已经成了我工作时固定的组成部分，可以帮助自己快速进入状态。

我还有一系列固定的写作流程。现在无论我有没有灵感，想不想写，只要按这套流程走下来，基本上都可以进入写作状态。

大脑重新开始做一件事，难免被上一件事的"残留注意力"影响。用一套固定流程，一步步机械性地行动，可以让自己慢慢进入状态。我的强力执行系统，就是根据这个理念整理的。

固定的环境，固定的流程，持续的执行，最终组成了完整的系统，建立了属于自己的流程。把行为和状态连接起来，通过这个流程，我们就可以调整好状态。

高手就是会精心安排流程，主动创造环境的人。

二、把决定留给关键的事，小事全都走流程

深圳的夏天很长，而我基本上每天都穿黑白 T 恤。开始时同事以为我不换衣服，我解释其实自己黑色和白色的 T 恤各有 10 件，这样我就能保持一直穿同样的衣服。

像穿衣、吃饭这些事，我都有固定的流程安排。早上去哪里吃，中午去哪里吃，选择困难的时候吃什么，我都通通提前安排好了。这样做的目的是减少选择，让自己不要为这些小事消耗太多精力。虽然我还没有名人那么忙，但自从开始运转这些流程后，确实给自己节省了不少时间。

为此，经常有人说我对生活太不讲究了。但对我而言，定制自己的生活或做选择，太消耗自己的精力。我每次跟朋友出去，都事先商量好吃什么，不然到时候到处找地方太耽误时间。把决定留给关键的事，小事全都走流程，这才是最高级的"讲究"。

把日常流程化其实并不简单。明明已经安排好自己的计划了，可还是常常有其他人影响和搅扰我们的安排。生活中有太多理由把我们拉走。我之所以强调要流程化，最担心的不是社交，而是社交背后延伸出的意外。比如，本来我只想简单吃顿饭，结果去了之后发现饭店没开门。然后有人推荐去另一家，我去了之后发现又有人排队。就这样一顿饭足足能耽误一下午的时间，一点都不夸张。

要想掌控自己的生活，建立属于自己的流程，就需要有说"不"的勇气。流程是多次尝试的结果。哪个流程给你的感觉最好、最容易让你进入状态，那就是你的最佳流程。

建立流程很简单，只需要多次尝试并坚持下来就够了。可问题就出在流程建立后，自己能不能坚持按照规定的流程去做事。最难的不是安排固定时间、固定地点，而是这个固定的执行者能不能出现，到了流程时间能不能按照流程做事。我们必须持之以恒，按照规定的流程把每天的事做好。

说起来当然简单，只需要设置流程进入状态，每天坚持执行即可。可做起来非常困难，不然为什么还有那么多人天天吵着要"干货"。问题不在于没有方法，而是方法太多。很多人等不及一个方法发挥作用，就急急忙忙找下一个"干货"。

看着有些人坚持那么多天很厉害，其实非常不牢靠。因为摧毁他们的坚持只需要一天而已。很多人不能坚持，就是因为意外导致的中断。他们本来应该继续执行流程，却沉浸在自责、愧疚带来的焦虑中，最后干脆自我放弃。

坚持就像憋气，一旦泄气了就等于放弃了。我们每天按照流程做事，无论前一天做得怎么样，第二天都是崭新的开始。

三、高手要善于主动选择情绪

很多时候影响我们的并不是人品问题，而是身边的环境。

以前在国企工作的时候，公司搬过一次宿舍。前后两次不同的舍友，影响出

智识升级
让你的付出有回报

了两个不同的我。

第一个宿舍里都是新员工。大家刚来深圳都会感到很新鲜,所以我们每次在休息的时候都约着去不同的景点,半年的时间把整个深圳都跑遍了。

后来因为拆迁,公司更换了宿舍。由于职位变动,我住进了新楼层。这次的舍友都是老员工,基本上对出门已经没有兴趣了。大家做的事就是晚上出去吃夜宵,回宿舍就打游戏。刚开始我还出门转转,但每次叫其他人时,都没有人跟我一起出门,后来我也不出门了。

这真的是"近朱者赤,近墨者黑"。不管怎么说,人很容易受到周围人的影响。毕竟我们注定无法脱离群体,就算天天在家,网络也会成为大家新的聚集地。

现实环境就是这样,而生活高手需要主动出击,做到以下两方面。

1. 远离情绪负面的人

各种环境都在间接影响我们的生活习惯,所以我们需要精心选择跟什么人在一起。如果你容易受到别人情绪的影响,那应该尽快远离整天都是负面情绪的人。每次聊天他都在抱怨,公司如何不好、领导如何没用等,你的情绪难免会受影响,情绪不稳定那工作状态很难好。

2. 高手,要学会控制情绪

心情能被别人影响,但我们也能自己调整。心情不好的时候,要做一些让自己高兴的事。有时候工作不顺利、跟客户沟通受阻等会让我们心情郁闷。这时我们可以看看视频、刷刷新闻,随着心情慢慢平复,自己的思路也跟着开阔起来。

我们不是要消灭所有情绪,而是学会控制情绪。我经常说,要将情绪和行动分离。不是让大家别有情绪,而是让大家不要被情绪控制行动。

无论是工作还是生活,有太多不可控的事出现。我们要尽量让自己积极面对,用积极、愉快的好情绪去影响别人,而不是让情绪负面的人影响我们。

身边的人就是这些人,环境也就是这样的环境,都无法马上改变,但是我们可以选择做个主动出击的高手。

6.5　性格内向也可以在职场中绝地反击

如果你是一个性格内向的人，那你一定对于因为自己内向的性格而在职场中，甚至在生活中遇到的一些苦恼深有体会。

我的表妹小芳也是一个性格内向的人。前段时间她突然联系我，约我出来见个面。她在当下遇到了一些麻烦，希望我能给她出一些主意。

原来，因为性格内向，小芳不怎么和其他人交往，不仅在工作上不顺心，在生活上也面临很多问题。在遇到挫折之后，她下定决心从上一家公司辞职，在下一份工作中好好表现，努力做一个性格外向的人。过了一个多月，小芳好不容易到了一家新公司工作，可自己似乎和在上一家公司的时候没有什么太大的区别。她想努力改变自己性格内向的毛病，尽管尝试了多次，却始终无济于事。

有一次，领导分配给小芳一项重要的任务。但她在工作的过程中遇到了难题，苦思冥想不知道怎么解决。很多次小芳想鼓起勇气向周围的老员工寻求帮助，可最终还是没有开得了口。

最后，她的工作勉强完成了。结果可想而知，老板对她的工作成果自然不太满意。自此之后，小芳感觉自己的老板更加不看重自己了，周围的同事也对自己爱搭不理。午休的时候大家一起闲聊，小芳虽然和他们坐在一起，但感觉自己根本插不上话。她实在不知道自己该怎么办了，于是找我求医问药。

听了表妹的情况，我不禁心疼起她来。如果一个人真的不怎么擅长和别人打交道，那么他在职场中多多少少会吃点亏。

在职场中，性格内向的人一般在团队中的存在感比较低。就算他们在业务能力上闪耀出些许光芒，但仍有可能被那些交际能力更强的同事掩盖。因此，领导也会在不经意间忽视这些性格内向的员工。

在遇到问题时大家自然不会坐以待毙。性格内向的人可能试图改变自己的性格，但这个过程注定不会是一帆风顺的，甚至还有可能闹出一些啼笑皆非的笑话来。

不过那些性格内向的人并没有被贴上"死路一条"的标签。在这里我教你 3 招，帮助你打破"性格内向，不善于和别人交际"的魔咒。

1. 摘掉自己一直被贴上的性格内向的标签

性格内向的人在团队协作中并不讨好，几乎场场充当陪衬的角色，从事的也基本上是一些辅助的工作。而性格内向的人也会明白自己在职场中的地位是什么，所以习惯了自己在团队中的位置。

这样的"习惯"是一件很可怕的事情。一个习惯可以让我们保持越来越好的前进脚步，也会让我们安于现状、不求思变，从而使自己的性格越来越内向。

要想摆脱这种内向的性格，打破不善于和别人交际的僵局，就需要时刻提醒自己。

如果我们总是觉得自己的性格就是内向的，那么做起事来就会畏首畏尾、瞻前顾后，工作效率自然提不上去，甚至还会影响自己在工作或生活时的心态。

因此，我们要忘掉自己性格内向的缺陷，这也是摆脱困境的关键。

2. 从心底认同自己内向的性格，也要了解自己性格中的优势

我们都知道，一般性格外向且喜欢交际的人，在同事中的人缘也会比较好，与同事相处自然也会融洽一些。当然，领导一般比较喜欢这样的员工。

虽然性格外向、乐于与人沟通的人在工作中处处方便，但是其中也潜藏不少问题。毕竟无论内向还是外向都要掌握好一个度，过犹不及，如果做得过火了也

会适得其反。

性格内向虽说在团队协作中多少会有点不占优势，可我们要从心底认同自己的性格。尽管我们不能在团队的讨论中脱颖而出，但是也因为性格内向，我们更加思维缜密、观察细致，做事也比较细心，自然在工作中会比较稳重。

所以说，如果自己性格内向，不善于和别人打交道，害怕在公共场合社交，那就完全可以不用社交，不要为难自己和别人打交道。

我们要放下心结，明确我们自己的优势。有时其实真的不用太在意别人的眼光，顺着自己的想法工作就好。只有这样才能在工作中不受外在因素的影响，从而更好地发挥自身的能力。

3. 摆正自己的心态，尽量将自身的优势最大化

在职场中，能言善辩的人并非就一定会成功，性格内向的人其实也可以混得较好。重点是我们要尽量忘掉自己性格中的缺点，明确自己性格中的优势，摆正自己的心态，将我们的优势最大限度地发挥出来，这样也会在无形中给自己增添一份自信。

也就是说，我们要在工作中给自己积极的暗示，相应地，我们就会保持一个很好的工作状态。这带来的直接结果就是自己独特的光芒能闪耀出来。

试想一下，如果我们将自己性格中的优势发挥得淋漓尽致，必将提升我们的工作效率，工作的质量自然也会提升，那领导和同事当然也会对我们另眼相看。

因此，性格内向的人想要在职场中脱颖而出，需要忘却性格中的不足，努力发挥自身的优势，使自身的优势达到最大化，让领导和同事都能看到我们的能力。这时候，我们的内向性格就是我们的加分项了。

第七章
Cognition Upgrade

钱袋子的秘密

7.1 赚钱的正确姿势是"躺赚"

我想,很多人都想过如果有一天自己实现财富自由了会做些什么。

随着时代的演变,有一个现象是以前不曾出现过的。有些年轻人,尤其是"90后"甚至"00后",居然能在短短的几年之内迅速地实现财富自由。

这个现象很让人惊讶。财富自由是很多人幻想了一辈子都没有达成的事,而一些年轻人却只用了短短几年就实现了。

还有一个现象也是令我们无法接受的。一些同龄人从前的能力与我们相当,家境也没有我们好,还没有我们努力,没有我们吃的苦多,可是突然有一天这个人竟然已经年薪超过了百万元。

面对这些"暴发户",大概现在的我们脑子里都是问号吧。

其实原因就在于,他们有正确的财富自由思维,而且付诸了行动,但是我们并没有。

网上对财富自由的定义是这样的:

"某个人不再需要为了获得生活必需品而出卖自己的时间了。同时,财富自由根本不是终点站,而只是一座里程碑,在那之后还有很长的路要走。"

在我看来,这个定义简洁且很有指导意义。

也就是说,实现财富自由的人从某种意义上说就是实现了时间自由,他们把时间看得特别重要。

智识升级
让你的付出有回报

我们的时间都是相同的，也都是唯一的，没有办法凭空创造，所以时间是特别稀缺的资源。但是我们中的大多数人都拿着最稀缺的时间换取了少得可怜的工资。

当我们明白了财富自由的定义，知道了时间的重要性后，就可以具体分析一下，时间究竟在我们实现财富自由的路上扮演着怎样的角色。

一、价值交换的过程

很多人在工作中最害怕的就是老板。毕竟老板是自己的"衣食父母"，没有老板谁来养活自己。怕老板是大多数员工的想法，这也是正常的。

但是有一部分人并不怕老板，他们敢与老板争论问题，敢给老板提出建议，敢去表达自己真实的想法。

因为在他们看来，并不是老板"施舍"他们工资，而是他们用自己的时间和能力换取了工资。他们与老板之间是平等的，相当于把从前的"物物交换"现代化了。他们与老板之间更多的是合作关系，最终达到双赢的目的。

工作的过程，其实就是价值交换的过程。我们出卖自己的时间和能力，通过公司这个平台实现变现。所以，那些人知道自己的能力可以给公司带来比自己的工资更高的价值，所以不怕老板。他们知道自己与老板之间是价值交换的关系。

公司雇佣我们是因为公司需要我们，需要我们的时间和能力来给公司创造更多的财富，而我们也可以从公司中获取金钱的回报。

当我们用付出时间来换取金钱时，这时的我们处于低层次的境界中。处于这个层次的人统称为"打工者"，这也是绝大多数职场人的身份象征。也就是单纯地出卖自己的时间来换取工资，而且同一时间只能出卖一次。

这个时候，我们最关心的就是老板会给我们多少钱、项目的提成是多少、什么时候加薪、年底奖金是多少。

这个层次是我们必须经历的。我们会为了赚更多的钱而不断地提高自己单位时间的价值量。这是一件好事。但是，我们不能在这个层次一直待下去。因为时间长了，我们就麻木了，变得无法自拔，可能不会再有更高的追求了。

所以，我们要及时走出舒适圈，向下一个目标前进。

二、成长是第一目标

在工作中最重要的是自身的成长。

很多人在同一领域工作了十多年，却还是不能成为这个领域的专家，这是因为我们在普通的工作中往往会陷入低水平的重复里。在打工者思维的驱使下，一年学习到的经验被我们用了十多年。

我刚才说了，我们工作的过程就是价值交换的过程。当我们用打工者的思维去工作时，我们的工作程度和老板给的工资是成正比的。这时的我们只能被动地成长，没有进行深度的思考，不愿学习新的事物，也不想给自己找麻烦，就把自己关在自己的小圈子中，每个月安于拿固定的工资。

而另一类人却有不同的想法，他们喜欢"没事给自己找事"，主动挑战一些新鲜的事，在不断的变化中成长，做一些看上去与本职工作无关的事。他们就是典型的"成长者"。

他们当然不会做无用功。只是这些人没有用打工者的思维去工作，而是把工作当事业。同样是每个月拿固定的工资，他们更看重自己在这份工作中的成长。他们会主动让自己走出舒适圈，不断地让自己学习新的技能。

打工者和成长者最大的不同就是，一个是给老板打工，另一个是在给老板打工的同时给自己打工。所以，同一份工作，不同的人做将有不同的收入。

也就是说，同一时间我们可以出卖两次：一次出卖给老板，为此获得工资；另一次出卖给自己，为此获得成长。

对成长者来说，选择一份工作首先看的不是工资多少，而是工作本身是否能给自己带来更多的知识和技能，从中产生更多的复利效应，使自己在未来的发展中得到更大的收获。

三、实现同一时间重复售出

低层次的人是打工者，同一时间只能出卖一次。中层次的人是成长者，同一时间会出卖两次。而高层次的人，当然就是把同一时间出卖很多次，这样的人通常就是"智者"了。

如果说打工者就是给老板打工，成长者是一半给自己打工、一半给老板打工，那么智者就是完全给自己打工了。

比如，从央视出来的樊登老师，创立了樊登读书会，每天都会通过视频来解读书中的精华知识，至今已经有1800多万个用户，而且用户数还在继续增长。

再如，郭德纲的相声在各大App中都有音频和视频，每天都有人收听或观看。而且，这两年他还写了书，十分畅销。

不管是樊登老师的知识讲解还是郭德纲的相声，他们所创造出来的价值，都是一次创造，永久受益的。这些作品只要创造完成后，就不需要他们再花费时间在这件事上了，接下来只需要等着拿收益即可。

你可能会说，这些都是大咖级别的人物，但我们都是普通人，当然做不到。其实不是的，我们每个人都有擅长的事。

比如，"美豆爱厨房"公众号的创始人美豆，她开始的时候就是单纯喜欢做好吃的东西。只要一个摄像头、一个电磁炉、一口锅、一些食材，她就能在镜头下制作出一道道美味的食物。后来，她慢慢被人熟悉，就将美食做到了各个App中，让很多人都知道了这个美食达人。

其实我们普通人也可以通过做自己喜欢的事来实现同一时间重复售出。这个过程就需要我们找到目标，然后不断地改进，并坚持到最后。

四、请坚持等待成功的拐点

作为芸芸众生中的普通一员，我们不必成为像巴菲特或王健林那样的人来证明自己拥有足够的财富，普通人也很难达到这种高度。

别人在成功之前就找到了通向财富自由的方法。而且，他们还在不断地努力。而我们只看见了他们在台前成功的一面，没有看到他们在通往成功的路上的迷茫和焦虑。

这就好像我们总是把好的一面展现给别人。比如，我们会把美食和自己光鲜亮丽的一面展现在朋友圈中，却把自己在黑夜里哭泣的一面隐藏起来。

所以，我们无须因为别人的成功而打乱自己的步伐。每个人的成功道路都是不可复制的，我们需要走好自己的路。我们也无须害怕失败，经历失败也许才是走向成功的捷径。

篮球明星乔丹曾经说过这样一句话着实激励人："我在职业生涯中投丢了9000个球，遭遇了近300场失利，26次绝杀未果。我总是一再失败，但这就是我成功的原因。"

马云曾说过，今天很残酷，明天更残酷，后天很美好，但是大多数人都"死"在了明天的晚上。

所以，我们要尽量多一些耐心和坚持。请不要在还没有足够的积累，还没有等到成功的拐点的时候，就放弃了。实现财富自由，是一条漫漫长路。只有在不断地摸爬滚打中才能找到自己未来前进的方向，不要着急，慢慢来，在坚持后总会看到曙光！

智识升级
让你的付出有回报

7.2 要想成为富翁，你需要具备经济学头脑

有一段时间我深度阅读经济学主题的书，感觉收获非常大，不停地被经济学颠覆认知。我在这也想分享给你一些经济学知识。

通过阅读经济学主题的书，我发现人人都应该学一点经济学知识。它可以帮你看到很多现象背后的原因、各种制度背后的经济逻辑。

经济学解释世界的学问，会颠覆你过去的传统认知，让你学会区分"愿望"和"结果"，知道"事与愿符"和"事与愿违"的区别。

透过经济学，你会看到一个和之前完全不同的世界。

你会变得更加理性，能理解现象背后的原因，而不是动不动就抱怨和指责。

你会知道人类面临的四大基本约束：

东西不够，生命有限，互相依赖，需要协调。

现在之所以会有各种制度安排，就是为了解决这些问题。只有学习经济学，你才能做一个复杂世界中的明白人，找到属于自己的财富密码。

（1）只要有人的地方，就会产生交易，只要有交易，就会出现符合市场规律的事。

这让我想起小时候，在学校环境中也形成了市场交易。

学校里禁止开小卖铺，所以只有在每周去学校的时候，我才有机会带吃的进去。一周刚开始大家都有吃的，越到后期零食就越少，零食的价格也就越来越高。

学校通用的货币就是饭票。我们会根据零食的稀缺程度调整价格，对应所需的饭票也会浮动。

价格高涨的情况一直会延续到周五下午，到达高峰，下周一的时候价格又重新回落。

（2）破窗理论说有破坏才会有新需求，人在满足新需求的时候，创造了更多的经济价值。

我们只看到破窗带来的新需求，没有看到如果窗户不破，可能带来更多额外的需求。

这里就有消耗品和耐用品之间的区别。本来预计一个窗户可以使用十年，之后一家人就会把赚到的钱规划到其他地方。因为窗户破了，只能把原本计划用在其他地方的钱用来买新的窗户。

在看到新需求的时候，我们不能忘记按照之前的规划，这些钱是可以用在其他地方的。虽然这些钱带来了新需求，但是对于一个家庭来说，又重新回到原点。

（3）人是否是理性的，这个问题不重要。

经济学主要关心存活的条件，至于人本身怎么想不重要。

我饿了，想生存，就得有吃的。想吃什么不重要，用什么方法也不重要，反正自己需要弄到吃的才能活。因此，我们不需要过分在乎人的主观意识，经济学只关注那些不变的影响因素。

（4）稀缺是一个基本事实。

东西不够就是稀缺。因为东西不够，人与人之间才会产生竞争。为了更好地解决竞争问题，人们开始了交易。在资源有限的情况下，怎么更好地利用资源就是经济学研究的问题。

造成稀缺的原因有以下两点。

第一，我想要的东西你也想要。

第二，每个人的需求都在变化和升级。

人的欲望是无穷的，人的需求也是"得寸进尺"的。我想要的东西你也想要，但东西就一个，自然就会出现稀缺的情况。毕竟人们的追求是没有终点的，大家一直在追求更好。

（5）歧视、选择、区别对待和稀缺是一回事。

因为稀缺，人就要对资源的用途进行选择。当你做出选择的时候必须采取某种标准。标准一旦出现，就意味着区别对待，而这个区别对待就有可能导致一种歧视的结果。

有时候我们并非刻意歧视，只是这个选择造成的自然结果，有可能对别人产生歧视的效果。而且这种结果很难避免，因为每个人都有不同的偏好。你基于自己的偏好做出选择很正常，只是这个选择的结果，有可能对他人产生歧视的效果。比如，你不喜欢馒头，就有可能去吃米饭。虽然你不歧视馒头，但是你的选择对卖馒头的人来说，已经产生了影响，他因为你的选择而损失了一单生意。当然这不是在责备谁，而是说选择确实会伴随一种歧视的结果。

之所以有这种情况，主要有两个原因。

第一，个人偏好；第二，信息不对称。

错误的歧视，有可能要付出代价。

比如，一个餐馆只招待女生，这就是对男生的歧视。但是因为餐馆老板的歧视，也损害了男生吃饭的利益。这个歧视的结果就是少赚了男生那部分钱，这就是歧视的代价。

（6）成本就是放弃的最大代价。

别人找我写文章，我自己的思考内容不需要成本，所以一篇文章我能赚500元。如果这个时候我放弃了赚稿费的钱，选择写一些自己想写的内容，那么我的那篇新文章的成本就是500元。

为一件事放弃另一件事的机会成本，就是放弃的最大代价。

但是沉没成本不是成本。因为无论你之前付出的成本有多少，都不能对后面的结果产生影响。

（7）金钱并不是全部成本。

这个理念是学习经济学最大的收获。不要只盯着钱。

比如，一条高速公路本身要收高速费，但到过节的时候高速公路就开始免费了，这也导致高速公路开始出现拥堵的情况。

对于我们来说，虽然高速公路是免费的，但是每个人在路上付出的时间增加了，从一个人的整体成本来看，并没有免费。就像有很多商店的营销活动，会免费送礼品。当你花两小时排队去领一件礼品的时候，其实这两小时就是你的成本，并非完全免费。

这个世界不存在没有成本这回事，凡事都有成本，做事就有代价。

（8）凡事盈利都是意外。

一个物品价值 200 元，你花费 200 元买回来，不增不减，价值对等。偏偏你买完之后它突然升值了，这就属于意外。

在正常情况下，付出成本和所得物品价值是对等的，除此以外的情况，都属于意外，无论是横财，还是横祸。

（9）供需决定价格，而非成本决定。

如果没有供需关系，产品就不会被制造出来。

首先有需求，之后才有人供给。市场的价格就是根据需求者的接受程度决定的。如果你闷头做一个产品，根据制造成本制定价格，然后将它投放到市场中，那么它的价格不一定能被消费者接受。

就像一个馒头的价格是 1 元，你说这是用黄金笼屉蒸出来的，所以成本更高，就要卖 5 元。当然，市场是不会接受的。因为别人不会因为你付出多少而给钱，而是根据自己的需求和承受力决定。

一切供给都来自需求，不考虑需求的劳动都是无效的，没有考虑需求的生产都是浪费。

（10）租赁就是对资产付费。

只要能带来收入的资源都叫资产，而对资产的付费就叫租赁。

比如，我花 500 元买了一辆自行车，这辆自行车就属于我了。自行车是资产，成本是 500 元。我把自行车以每天 10 元的价格租给别人，那么这里就产生了 10 元的日租费。而我的资产没有变，还是那辆花 500 元买的自行车。

（11）社会成本问题。

科斯定理确实很颠覆人的常识。

通常我们理解的伤害一定是有人被伤害，但是科斯说，伤害都是相互的。

从社会成本看问题，谁避免发生问题的成本最低，谁的责任就最大。

有一个案例，可以很好地说明这个问题。有一辆拉煤的火车经过一块农田，经常会溅出火花把农田点燃。后来，农夫就上告铁路公司，要求把铁路整体向外移开几千米。

法官最后的判决是让农夫把靠近铁轨的地方空出来，为什么呢？

法官说，空出一块农田的损失，比起重修铁路的费用，显然成本要低得多。虽然是铁路的原因导致农田着火，但是铁路已经修了，如果改道整体的社会成本太高，而只要将农田预留出一点空地就可以避免这个问题，显然这个方法的解决成本最低，所以农夫的责任最大。但也不是强制让农夫让出农田，而是由铁路公司给予一定的补偿。虽然这件事是农夫有道理，但这确实是比较好的解决方案。

（12）个人估值的 3 层含义。

第一，个人估值是个人的估值，不是集体的估值；第二，它是主观的，而且是绝对主观的；第三，个人估值并非以个人的愿望为基础，而是以他能放弃的其他商品的数量来计算。

（13）主观价值论和客观价值论的 3 个区别。

第一，凡是客观价值论能够解释的现象，主观价值论也能解释；第二，客观价值论不能解释的现象，主观价值论也能解释；第三，主观价值论能更好地指导生产。

（14）什么是边际？

边际就是新增带来的新增效果。

比如，一辆车只能装 5 个人，你为了装下 6 个人，就要再找一辆车。为了拉第 6 个人，新租一辆车的费用就是边际成本递增。

与之相反的概念是，边际成本递减。比如，你吃 1 个馒头就能饱，而你吃 6 个馒头就感觉肚子很难受。从第 2 个馒头到第 6 个馒头带来的效用是慢慢降低的。

（15）需求第一定律。

当其他情况不变时，只要价格提高，商品的需求量就会减少；价格降到一定程度，需求量就会增加。

（16）需求第二定律。

需求对价格的弹性和价格变化之后流失的时间成正比。也就是说，随着时间的推移，需求对价格的弹性就会增加。

（17）需求对价格的弹性和价格的变化有关系。

比如，日常生活必需品，就算价格变化很大，我们也必须购买。这样的物品的需求弹性很小，无论价格如何变化，需求都是稳定的，不会因为价格变化而影响需求变化。诸如米、面、油、盐等必需品。

另一种就是奢侈品，它会被价格影响需求，因此它的需求弹性很大。比如，奢侈品打折，价格便宜一半，这个时候想买的人可能就会出手，需求就变多了。如果奢侈品涨价了，大家买得比较少，需求就变少了。人会根据奢侈品的价格变化，改变自己的需求程度。这个需求程度就是需求弹性，有高有底，可以变化。

7.3 增加第二收入的方法，你一看就会

我实现了多年以来的梦想，让工资成为次要收入。从账面上看，我的写作收入全面超过工资，虽然还没有达到稳定的程度，但总算是达成了目标。我成功在30岁之前，不再只依赖工资作为唯一收入了。

我说自己是半自由职业者。原因就在于我每天还去公司上班，只是时间比较自由，没人管，想做什么事就做什么事，都是自己安排工作。说实话，我挺喜欢这份工作，起码比写作轻松多了。但我心里一直都明白，写作是为了以后，而工作只是为了眼前。

我在改变的过程中经历了以下3个阶段。

1. 靠"死工资"

最早我在康佳集团工作了3年，之后出来做了3年管理，虽然收入一直有所改善，但依然都是"死工资"。

2. 工资没有上限

我在2015年的时候独立出来做业务，求的就是突破"死工资"的限制。前两个月的时候没有接到订单，我每天十分焦虑，多亏一直坚持下来。

3. 不依靠工资

我在2018年的时候开始接触写作。我还是比较幸运的，写了3个月就签约了平台，有保底收益。后来我慢慢接到签约开始写书，建立了自己的个人品牌。

第七章
钱袋子的秘密

回看我在社会奋斗的这 10 年，虽然没有暴富，但一直在慢慢变得更好，人生的幸福感还是很高的。说句实在话，如果岗位不能达到一定的级别，一般人就不要太指望工资了。

下面我跟大家聊聊我的一些建议和感触。

1. 不存钱，就不要谈赚钱

在这个普遍提前消费的环境下，谈存钱是一件挺不容易的事。我认识的大部分人都是人均欠债 3 万元。往往一有什么新的电子产品发售，他们不马上更新换代就好像自己会丢面子一样。太多不必要的消费，让人每个月疲于还债，提起存钱更是一种奢侈。

存钱不一定是要每个月存多少，主要是依靠时间的作用。

就拿我妈妈而言，她没有工作，只能依靠家里的地租收入。农村一亩地不过几百元，加上一点农业补贴的钱，就这么几年下来她的卡里也存了几万元。

这件事说起来简单，关键还是在于行动，这也是我坚持贯彻的输出理念。我希望大家体会到行动的价值和时间积累的意义。

如果你能抛弃借口，一个月存下 10%～30%的收入，那么这些存款将是你以后的本钱。

这个阶段不要谈什么投资理财，目标 10 万元，存够了再讨论别的。如果整天研究投资理财，结果手里连 1 万元都没有，那属于浪费时间，不如多读点书。

2. 节约是致富的好习惯

节约不是抠门，愿意花钱也不代表要做冤大头。

很多人说自己存不下钱，这里我说个方法，保证你每个月存几百元。

你要学会自己做饭，减少额外的娱乐活动。如果你能做到这两条，那你每个月就能轻松从生活中节省开支，而且还对你的生活质量影响不大。

有人觉得不去外面吃饭、不去外面娱乐，那生活就没有什么意思了。其实这就是生活习惯问题。我以前也经常去看电影，每个星期都下馆子，后来自己在家做火锅、烤肉，用家用投影仪看电影，不仅省下了很多钱，对于自己的生活也没什么影响。

说起节约，大家先想到的就是抠门。我倒是觉得节约是让你清醒消费，而不是让你理性消费。

清醒消费是不会扼杀你的消费行为的。比如，你可以在有优惠活动的时候去消费，这样得到的服务和商品质量都是一样的，可你花出去的钱就变少了。

我给节约的定义是要做一个聪明的消费者。

3. 算一算自己最基本的生活成本

人们很容易把想要和需要弄混，好好盘算一下，其实你的生活成本没有那么高。

工资有多少不是解决工资不够花难题所面临的终极问题。除需要多赚钱外，还要关注自己平时把钱都用在了哪里。

你真正的需求应该从吃、穿、住、行这四个方面开始计算，刨去维持基本生活质量的成本，你会发现存钱不难。

这种核算成本的习惯，以后在投资理财中也会帮你大忙。只有知道了自己的收支平衡点，才知道自己究竟赚了多少钱。

如果你一个月赚 1 万元，生活成本是 4500 元，先不说能存多少，肯定比一个月赚 1 万元而生活成本却高达 8000 元的人好。

4. 找到工资之外的第一笔收入

这是为以后做准备的。我最开始的目标就是赚到早餐钱，慢慢变成赚到房租钱，又慢慢变成赚到买一辆车的钱。重点在于找到你能赚到第一笔额外收入的切入点。

你应该从小事开始，关注完成每个小目标，再去讨论月入过 10 万元的问题。眼前的早餐钱和房租钱想必更加迫切，也更加真实。

要想找到自己的第一笔额外收入，就要放下面子。如果你真正放下了面子，你会发现其实赚到钱的机会还是很多的。

比如，你在业余时间去做兼职，那也是一笔不少的收入。问题是你愿不愿意，这样的收入合不合适、划不划算。

如果你不着急赚钱，可以去做一些长期赚钱的事。如果你着急赚钱，也可以靠出卖体力赚钱，这不丢人。

5. 一定要给自己的时间定个价

平时刷手机、玩游戏没感觉，但当你有意识地给时间估算了价格以后，你做任何事可能都会有意识地计算时间成本。

下面是最简单的时间估价方法。

单位时间价格等于月收入除以每月工作时长。比如，你的月收入是 5000 元，每月上班 22 天，每天 8 小时，那你的单位时间价格就是 28.4 元。

以后再去做别的事，你就不会觉得自己只是浪费点时间，而是每小时浪费 28.4 元。一旦有了价格，你对时间成本的感知就会变得敏感。

无论你用时间去做什么，只有有了对比，才会越来越珍惜时间。

无论什么方法、什么理论，都不一定适合所有人。你只能不断地花费时间研究适合自己的赚钱模式，只有这样才能真正赚到钱。

7.4 不会变现，那你就亏大了

经济学号称解释问题的学科，而且因为其独特的视角，总会得出一些很反常的结论。

懂一点经济规律对个人决策很有帮助。因为经济规律具备普适性价值，你也可以把这些理论借用到其他问题上。

下面我来讲一讲经济学里的贴现问题。

一、贴现率是什么

从现在的角度判断未来的打折程度，就是贴现率。

假如你有1万元，但是10年后才能取出来，10年后的1万元远没有现在的购买力强。银行为了弥补你的损失，会给你一点利息，这就是存款会有利息的核心原因之一。

同样，银行拿了你的钱出去放贷，但是未来是不确定的，有些账收不回来，有些账收得回来。这个收回成本的预期程度，就决定了放贷的利息。

如果银行认为你有足够的能力偿还，那么给你的利息就很低；如果银行判断你的还款预期很低，那么给你的利息自然就很高。

这就可以解释为什么学生的贷款利息很高。因为学生的还款能力很低，没有自有收入，很容易出现还不起的现象。这些学生还不起还要贷，风险自然很高，高风险就会伴随高利率。当然，我不建议学生贷款消费。

这就是贴现率的概念，它对生活的方方面面都有很深的影响。

二、对贴现率的理解决定了一个人的行为决策

对贴现率的理解，将影响你做出的行为决策。

比如，你看到别人做自媒体月入 10 万元非常羡慕，自己也去做了，但发现自己赚不到钱。

这个时候在你面前有两个选择：一是选择追热点做流量，二是选择坚持在一个领域通过积累建立品牌影响力。

如果你相信自己能把品牌做起来，那你的贴现率就很低，因为你不着急把影响力低价出售。如果你不相信未来可以赚到钱，还不如把眼前的钱先抓住，哪怕是一些消耗影响力获得的快钱，那你的贴现率就很高，等于打折出售商品。

这是讨论行为决策的区别，还有一个因素就是看个人情况。

如果你现在没钱生活，需要马上得到收入，那你根本等不到未来品牌做起来，不得不去做一些赚快钱的事。所以，在个人发展早期，根据个人需求的程度，人们普遍会选择快速赚钱的方式。这是合情合理的。

而一些需求没那么迫切或有点积累的人，他们对未来的预期很高，会比较注重品牌的长期建设。这也是合情合理的。

这个行为决策的依据，就是不同人对贴现的需求不同。现在马上需要的人，他的贴现率就很高；短期没有那么迫切的人，他的贴现率就很低。

这里再补充下理论解释。

贴现率低，代表估值高。比如，存款 100 元到明年有 30 元利息，如果你相信这 30 元的收益，就愿意花时间去等。

贴现率高，代表估值低。比如，存款 100 元到明年有 30 元利息，如果你不相信未来可以赚 30 元，那你就会选择将收益提前变现。

三、贴现率和对时间的忍耐程度

一个人早晚要变现赚钱。是选择建设完成再营业，还是刚建设一点就营业，这取决于你对未来的看法，你的贴现率影响你的决策。

你做的事如果是越做越值钱，那此刻拿影响力赚一点钱，就会导致你的贴现率很高。你未来可能赚 10 万元，现在等不及了先赚 500 元，结果未来的 10 万元就赚不到了。

就好像种树一样，你知道小树苗长成大树需要 10 年时间，但是现在没有钱生活，马上就需要钱吃饭，那你不得不把刚种下的小树苗拿去换钱。

小树苗远没有长大后值钱。这个时候你付出了未来很大的代价获取眼前的收益。

至于会做出什么样的决策，就要看你此刻对未来变现时间的忍耐程度，忍的时间短贴现率就高，忍的时间长贴现率就低。

这也是时间权买卖的另一种形式。

四、如何判断变现的时机

最终必然会经历变现阶段，有些事等待时间越长，变现收获越大。那我就来说说怎么在这个过程中把握变现的时间和尺度。

比如，你手里有个金矿，但是由于法律的要求和环境保护的需要，你必须在 20 年后才能开采。这个结果你已经知道了。在等待开采的过程中，就会不断有人来找你要求买下这个金矿的开采权。

随着开采日期越来越近，给出的价格越来越高，甚至最后已经接近金矿本身的价值了。这就是变现的时机。

明白这个思路后，你就知道变现的时机了。简单的判断标准就是，此刻变现的结果和预期未来变现的结果之间的差价。

假如你预期未来变现的结果是 50 万元，通过不断积累，你的品牌价值已经接近 50 万元了，那你就可以考虑变现了。

此时的贴现率取决于市场对你的认可程度。比如，你想做个人品牌，通过长期的坚持输出，你的品牌已经产生影响了。本来预期要 3 年才能变现，因为你的影响力被认可，可能就会有人帮你贴现了。

这不是幻想，当你的能力到一定程度，有自己的影响力后，就会出现帮你贴现的人。比如，出版社会找你出书，其他平台会邀请你入驻，一些机构会找你签约。

他们都是想买你金矿的人。选择权、时间权、贴现率一起构成了你的变现时机。

还有一种情况，就是市场趋势发生反转，等待的变现时机消失了，这个时候也是提前变现的时机。

什么时候变现，取决于你的贴现率高低。

7.5 经验影响你的财富

这里我们来一起看一则故事。

有一头猪被农夫买回家。它在圈里畏畏缩缩地看着农夫,不明白农夫为什么要好心给自己喂食。

在这种疑虑的驱使下,这只猪开始绝食,忍住不吃农夫给它的食物。可是农夫还是照常来喂食,并没有什么反常的举动。一来二去,这只猪放下自己的戒备,开始慢慢进食。

它的脑子里产生了一个想法:它想向自己证明农夫是因为爱它才向它喂食的。于是,这只猪准备做一个实验。如果农夫向自己做出诸如喂食、洗澡的行为,那就是爱的表现,它就放一颗白色石头在篮子里;如果农夫不喂食甚至伤害自己,那就放一颗黑色石头在篮子里。

慢慢地,篮子里的白色石头越来越多,都快要掉出来了。这只猪开始觉得农夫是真的爱它,不仅每天给它喂食、洗澡,当它生病时还帮它请医生治疗。最终在 200 天后,这只猪结束了它的实验。它终于可以放心地宣布农夫肯定是爱自己的,后面事情的发展更加肯定了自己的论证。从此,这只猪对农夫的爱深信不疑。

最终,在被圈养的第 300 天,它满心欢喜地等待农夫再次喂食的时候,却被农夫送到了屠宰场。

第七章
钱袋子的秘密

其实，这只猪就是经验归纳法的牺牲品。它的经验只能证明曾经正确，但不代表永远正确。

大哲学家大卫·休谟在18世纪就指出了经验主义存在的问题，提出了著名的休谟问题——我们获得的知识是依据经验归纳的，但经验本身是靠不住的。

比如，用经验证明所有天鹅都是白色的。按经验实证的路线，我们需要把世界上所有的天鹅都找出来，才能证明所有天鹅都是白色的。因为只要有一只天鹅没有被找到，它就有可能是黑天鹅。

我们的经验就是过去发生的事。之前遇到的天鹅都是白色的，这个就是经验。推理就是验证过去的经验。因为到目前为止看到的都是白色的天鹅，所以按照规律推理所有天鹅都是白色的。而观察就是根据过去的经验假设。我们拿着"所有天鹅都是白色的"这条经验，再去观察新的天鹅是不是白色的。最后找出的每只天鹅都是实证。因为经验只能证明过去正确，而无法确定未来是否正确，所以我们只能不断地去验证。

要想证明所有天鹅都是白色的，需要把世界上所有的天鹅都看一遍。这个任务本身就不可能实现。虽然我们能证明看到的天鹅都是白色的，但是这和证明所有天鹅都是白色的之间还有一条经验所不能跨越的鸿沟。

如果我们等不及了，不想花时间把全世界的天鹅都看一遍，就用已知经验直接说所有天鹅都是白色的，那我们靠的就是归纳推理，也就是上面用的方法。已知天鹅是白色的，就认定所有天鹅都是白色的。这样的结论没有什么说服力，就好像说前面10天都捡到钱了，所以以后每天都可以捡到钱一样。因为归纳的前提是相信未来跟过去相似，这一点没有人可以保证。

经验帮助我们走到今天，但经验本身是靠不住的，这就是休谟问题。知识可能是错的，只是有些还可以用。

大家看到这里是不是感觉自己的认知被颠覆了？我们的知识大厦根基居然如此不稳。我们用经验证明科学理论，但经验本身是靠不住的。休谟就这样，给全

智识升级
让你的付出有回报

人类的知识带来根本性的挑战。但还好有大哲学家卡尔·波普尔用演绎法挽救了科学。归纳依据过去的经验不可靠，但演绎是可靠的。他把科学建立在演绎的基础之上。

比如，用经验归纳法需要把全部的天鹅都看一遍，用个体的特征证明全体。而用特殊的个体否定全体就是演绎。我们不需要证明所有天鹅都是白色的，只需要用一只黑天鹅就可以证明天鹅不都是白色的。用一只黑天鹅来否认"所有天鹅都是白色的"这条经验，就可以得出"天鹅不都是白色的"这条结论。这就是可靠的知识。

这里就要联系到我们的实际情况了。

之前我有个朋友炒股。由于行情不好，他看中的股票一直在跌。刚开始的时候他还是很谨慎的，做出了一个未来可能还会跌的预测。过了一段时间发现，股票果然一直在跌。经过这次验证，他觉得自己的判断很准确。于是他又一次预测，这只股票即将触底，跌无可跌。之后每天的股价正如他所预料的，基本维持在一个低位。经过一年的证实，他决定把自己的全部身家都压在这只股票上。结果股票又开始大跌，他所有的钱都被套在里面。

现实不是小说，没有什么完美结局，现实也不会因为你不喜欢而遵从你的意愿。我的这位朋友就是经验归纳法的受害者，并且为此付出了巨大的代价。

我们需要摆脱确定论的世界观，要明白这个世界的本质是不确定的。不过人们还是时常陷入经验自信中，每次都以为自己对不确定的掌控很确定。

大投资家索罗斯和《黑天鹅》作者塔勒布都把波普尔奉作偶像。就是因为他们深刻地明白固有的经验是靠不住的。虽说从经验中学习是一种方法，但如果以为经验就一定能带我们找到真相，那就会陷入经验自信的陷阱中。真正的知识就是在黑屋子里抓黑猫，我们每抓一次就只能知道它不在那里。

我们需要对不确定性多一点敬畏，依靠经验的时候多一点清醒。

既然经验会误导人，那么我们也可以反其道而行之，利用经验的这一特点来

第七章
钱袋子的秘密

积攒财富。上面讲了经验归纳法是如何让我们损失财富的,这里再看看如何用利用经验归纳法为我们积攒财富。

我通过一个假设的案例来加以说明。比如,有个人给别人发邮件,声称自己可以预测大盘。在加满一群人之后,又给一部分人预测未来一个月大盘将会下跌,给另一部分人预测大盘将会上涨。然后过了一个月,无论股市表现如何,都会出现一个结局:给一部分人的预测是错误的,而给另一部分人的预测是正确的。

这个时候他就只给正确的人再次分组,依然是给一部分人预测未来一个月大盘将会下跌,给另一部分人预测大盘将会上涨。就这样坚持了一年,经过不断筛选,最终只有给一小部分人的预测是全部正确的。在这一小部分人眼里那个人就是股神,而且那个人不断地用经验证明了他真的可以预测大盘。于是,那个人说自己可以帮他们打理资金,他们就会把钱都交给那个人。

然后这个钱就到那个人的口袋里了,他就有了本钱去创造更多的财富。当然,以上案例只是为了证明经验主义对个人判断的影响。

只要我们的数据样本足够多,最终就可以打造出一个可以预测未来的"先知"。从概率上讲,每次都有50%的概率是对的,只要重复若干次、基数够大,最终一定会留下全部正确的一组。

这听起来好像是实验,但其实现在某些基金就是这样操作的,也就是我们熟知的赛马机制。他们一年开100个基金盘,承诺3年收益10%。开盘后,每隔3个月通过赛马得出最有可能实现的一组,最后总会出现3年收益超过10%的一组。然后他们对其重点包装,再次向投资者吹嘘他们如何厉害、操盘手如何实行资产配置,从而招募资金。

延伸来看,现在的知识付费领域也存在这个套路。比如,有些导师会给学员一个方向,有人去做,多多少少总有一些人会成功。而这些学员是不是因为用了这套方法成功的,这就很难说清了。但这不影响有的人在营销时说是因为用了导师的这套方法而成功的。

智识升级
让你的付出有回报

　　那些讲师之所以能用经验归纳出那么多"干货"和方法，从而吸引你，就是因为他们向你证明，他们和自己的学员都是这样成功的，因此你也可以成功。每次听到这样的宣传，很多人总是忍不住购买。但你有没有想过，这可能只是"幸存者偏差"。因为幸运，那些学员才存活到现在，并非他们多么特别，也不是他们用了什么特别的方法。

　　就好像社会需要一个淘宝，至于是不是马云不重要。有淘宝就可以，至于是刘云还是李云，对社会本身并无所谓。

　　用过去的成功来证明未来也会如此，这是一个严重的思维错位。如果我们陷入其中，可能会损失财富；如果我们善加利用，可能为我们创造财富。

第 八 章
Cognition Upgrade

登上成功之巅

智识升级
让你的付出有回报

8.1 成功的要素你都具备吗

很多人都想成功，可他们往往在不经意间就丧失了那些成功的要素。下面我来讲讲这个问题。

一、要做就做到最好，优秀是一种习惯

新东方的老板俞敏洪说，优秀是一种习惯。我第一次听到这句话的反应就是，厉害的人说什么话都会被别人奉为经典。我对这种说法最开始的印象是"鸡汤毒药"。毕竟任何人到了这个位置都只能这么说，总不能说"不优秀是成功的关键"吧。所以，自己都是抱着理解的态度去听的，毕竟这个是正能量。

后来看到越来越多行走的"鸡汤患者"，我的三观开始被颠覆。优秀可能真的是一种习惯，因为厉害的人的日常真的就是这样的。

优秀是一种习惯，这个习惯的前提是要做厉害的人。优秀只是基础能力，这个能力已经和吃饭、睡觉一样自然。因为想变成厉害的人，所以需要变得更加优秀。优秀已经变成了必需品。遇到很多牛人，我的第一感觉就是这个人怎么这么厉害。因为他们要做就做到最好，起码在自己的能力范围内做到最好。

就像我因为写作加入了不少写作群，里面有很多牛人。刚开始的时候，我经常看到里面有人晒自己的文章阅读量多高、获奖多少次。以我渺小的理解能力来看，他们这就是赤裸裸的炫耀行为。后来我明白了，我所看到的就是别人的日常。

我之所以觉得他们在炫耀，只是因为自己没能做到，觉得别人也很难做到。

其实那些人之所以厉害，是因为人家真的有高标准的追求。就像我当初写1000字的文章应付了事以做"日更"，发出去时心里还得意扬扬。而那些牛人则要求自己的文章逻辑恰当、内容深刻、读者代入等，把文章当书在写。这样写出来的结果当然不一样。牛人就是不把事情做好会难受的一群人。

二、必须有争强好胜之心

对于争强好胜这个词，我们的一般理解都带有贬义。但我认为争强好胜不等于好勇斗狠。它是对自己的一种信心，对自己擅长的领域的一种勇敢展示。

现在就是不表达自我就容易被淹没的时代。在这个个人品牌崛起和充满标签的世界里，如果你没有展示过自己擅长的领域，别人就会看不见你。

自我叩问三道题。

（1）我有没有做到过第一？我有没有做到过最好？

（2）我有没有在自己的小范围内做过第一？

（3）如果我想做一个厉害的人，还在等什么？

看过牛人的案例之后，我发现这里还存在3个原则。

（1）有做到最好的执念。

（2）有能做到最好的经验。

（3）有多次做到最好的经验，并且能让这些经验帮助自己做到更好。

我们必须追求真相，要追求到为了换取真相不怕被羞辱的地步。没有学不会就难受的经历，"厉害"这个词也不会出现在我们的生活里。凡事要做到最好，要做到第一。这不只是为了表现自己，让别人羡慕、追捧自己，更重要的是让自己拥有一颗变强的心。

如果你没有做到最好的习惯，就会慢慢习惯平庸的自己。

三、"需求"才是学习最重要的动力

回忆一下，我们学习进步最快的往往是知识领域，大部分原因都是我们真的需要它。如果不学会它，我们就没办法正常工作和生活，直接影响自己的生活质量。

就像我小时候学习骑自行车，是因为学校离家远，我要上学不得不骑自行车。我的需求越强烈，学习速度越快，从而没用几天就熟练地掌握了骑车技巧。

需求会逼着我们前进，摸着石头也要过河。如果你想快速地成长，为自己找到真正的需求是一个很好的方法。

四、找到自己真正的需求

需求的确很重要，但找到真正的需求更加重要。

比如玩游戏，对于从事游戏领域的人来说可能就是真正的需求。但如果你只是纯粹为了消磨时间，那玩游戏就不是你的需求。只有找到自己真正的需求，才能早日走向成功。

是我们的需求塑造了自己。这不仅是自我前进的驱动力，也能帮助我们选择人生的方向。

每个人的诉求不同，所以自己真正的需求也有所不同。我们可以参考以下原则。

对自己来说，重要性和目的本质可以帮助我们明确应该优先满足哪个需求。比如，我在写一篇文章时觉得阅读量很重要，于是我就紧追热点去写。但是这样的文章的时效性往往是很低的，也许过一段时间就无人问津了。后来我又觉得让自己的写作能力进步才是最重要的，于是我就改变了自己的行文思路，可能没有一时成功，但自己也在不断成长。我相信当自己成长到一定阶段时，成功不过是水到渠成的事情。

在这些选择的过程中，我们会因为不同的需求而改变自己的行为。不能执着

于成功，因为到手的成功可能让自己停下前进的脚步。成长才是真正的需求。

价值观决定了个人的选择。需求也是可以自己选择的，不是一直不变的。我们可以根据自己在不同阶段的实际情况形成对应的需求。同样，我们的需求也不应该是被动接受的，而是自己判断、理解之后主动选择的结果。

五、耐心才是最关键的能力

我认为在崛起的过程中，耐心可能是成长最需要的一个能力。人类很容易被新奇的东西吸引。比如，你本来是去摘玉米的，一路走下来，还没有看见玉米，但是已被一群蝴蝶、兔子吸引。于是，你去追这些小动物，最后什么也没得到。

如果没有耐心可能导致自己只找到一些无用的伪需求，结果努力奋斗到最后发现不是自己想要的。在这个纷乱的世界中，要想找到真正的需求就要有足够的耐心。没有耐心将什么事都做不好，越怕麻烦就会越麻烦。

有些能力是需要时间磨炼才能让我们感受到它的重要性的。而很多人在没明白找到真正需求的重要性之前，就已经放弃了。

比如，刚开始写作的时候，我写出来的文章很烂，如果不耐心地继续磨炼自己的写作能力，那我可能根本等不到写作能力突飞猛进的那一天。

很多人因为自己的短视被成功拒之门外，无论做什么事都想马上成功。大多数人放弃努力的一个原因就是在学习一个方法之后发现它并不能马上产生效果，或者感觉这个方法带来的效果很小，就打算放弃了。

我们除了要做出需求选择及耐心等待，还要认清自己的现状。

现状就是过去的日积月累。要想有一个良好的未来，就要从现在开始为以后做准备。既然是为以后做准备，那么现在不能马上有结果也是正常的。

我们不能执迷于现状。现状差是因为我们缺乏过去的积累，而我们要做的就是改变未来。改变未来是从现在开始行动的。

智识升级
让你的付出有回报

8.2 普通人的崛起之路

很多普通人会存在种种缺陷，如学历不好、出身贫寒、缺乏专业技能等。作为一个现实主义的人，我对于成功用什么样的方法倒无所谓，只要它对我有帮助就可以了。这里我聊一聊普通人如何崛起。

一、为什么说普通人有崛起的机会

普通人有崛起的机会，第一个原因就是周期的存在。

周期就是从最低点到最高点，再从最高点跌入谷底的过程。

我想，"股民"应该最有感受。大盘指数从 2007 年的 6124 点跌到 1600 点，再到 2015 年涨到 5178 点，现在又回到 3500 点。周期一定会到来，而人们目前面对周期的方法主要靠运气。

一切都逃不出周期，没有什么基业是永固的。每个人一生中都会经历几次社会大周期和更多的个人小周期。在经历更多之后，你会发现一些有可能发生的事情一定会发生。

普通人就是从周期底层开始出发的人。以目前社会发展的速度来看，每隔 10 年一定会有一个周期出现。没有什么是亘古不变的，所以你不用着急，因为你的一生中会不止一次遇到发财的机会。而普通人的成功，就是把个人小周期和社会大周期匹配到一起。

最常见的个人小周期和社会大周期的匹配，就是你现在从学校出来到外面工作。社会大周期是在大发展，而个人小周期是从学校学习到出来工作。你通过工作就可以靠近社会大周期，而待在学校就会远离社会大周期。

现在社会发展这么快，不停地在出现新机会。如果你不知道自己该怎样加入周期，多看多学是一个好方法。

成功者最大的敌人就是周期。你在现在的系统里面找到一个有利于自己的事业，然后为了增强自己的能力不断地消耗资源。等到你达到一定的地位或水平后，为了保持自己的优势，你需要消耗更多的资源。这最终导致系统内的资源被你耗光，然后系统崩溃解体，形成新的系统。周期就是这样形成的。

你觉得它对于你来说是好是坏都没有意义，因为周期一定会到来。

二、可能你对"好学生"和"大佬"有误解

普通人有崛起的机会，第二个原因就是存在那些被让出来的机会。

看到这里你可能有点奇怪。别着急，下面我给你分享一个关于我的两个同学的故事。

小高和小果是我的两个同学。小高是全校学习成绩最好的学生，小果是全校学习成绩最差的学生，而我是那个中间最普通的学生。

一切都如电视剧的剧情一般，小高顺利考上好大学，小果则高中辍学离家打工。有一次过年回家同学们聚在一起聊天。小高已然是一家公司的金领，而小果则摇身一变成了一家贸易公司的老板。

我们在聊天时聊到个人发展这个话题，后来大家道出来的原因可能有点反常识。

小高因为学历高，毕业之后就被一家公司录取。而小果因为学历低，没有进入好公司的机会，只能走其他门道，最后自己创业开公司。

小高因为学习好获得的好机会就多，这也降低了他进行其他冒险尝试的可能性。而小果因为开始没能找到好工作，不得不背水一战，尝试各种工作。最后，他遇到了一个优秀的发财机遇。

这里其实就是概率的问题。大部分人都不太喜欢冒险，如果能有好的机会和工作平台，谁都想马上进入一家好公司上班。同样，他们为了抓住现有的机会，就放弃了其他可能成功的机会。

这里肯定不是说读书不好，读书当然好，只是说"好学生"不一定完全等于"大佬"。教育只能培养出专业的人，而社会可以培养出厉害的人。当然这里有运气的成分，但是无论做什么都离不开运气的支配。

如果你学历低，不要觉得自己就没有机会了。因为那些学历高的人，已经得到了好工作，这样就把其他机会让给了你。你要尽自己最大的努力去尝试，找到自己成功的道路。

三、不是规则受益者的人只能打破常规

普通人有崛起的机会，第三个原因就是存在那些被规则束缚的人。

我以前经常看到媒体报道曾经的高考状元现在只能靠低保度日。跟上面的例子一样，很多学习好的人上了好大学，毕业之后也找到了好工作，但他也停留在了有利于自己的环境规则里面。

有不少学习好的人都没有成为厉害的人，国内很多企业家都不是从特别好的学校毕业的。这并不是因为现在的教育制度不能培养出一流的人才，可能的原因是厉害的人都是打破规则的人。

以前上学的时候，我的同桌从一开始就比我学习好，在一起久了我发现他身上的优秀品质，同样也是学习好的原因，就是他足够自律、勤奋和遵守规则。老师布置的作业都完成，试卷都答对，只要能做到这些你就是好学生。但是要想成

为"大佬",不仅是完成任务就行。

在学校学习成绩的好坏,不能代表一个人最后能在成功的道路上走多远。其中一个原因就是,你在学校里只要完成规定的任务就可以了。

学校为了测试学生的学习成果,会设立各种标准。你在学校要学习那么多科目,并且每科都要做到达标。当每科都做到达标的时候,你就开始朝着学校规定的标准前进了。

"大佬"都会深度发展自己的某项优点,都是靠自己的热情做成很多事情的。

所以到这里,人就被分为了两种:

一种是好学生,因为学习好,他们变成了现有规则的受益者。

另一种是被现有规则抛弃的人,他们只能在规则之外寻找机会。

而普通人就是规则受益者之外的人。现有的规则被利用资源的人占据,他们是最不希望出现改变的人,因为改变就意味着资源的重新分配。规则受益者最希望保持现状。

但是身无分文的人想获得利益只能不停地挑战规则。这也是层出不穷地诞生了那么多新的"独角兽",但是那些原本的大公司又只能眼睁睁地看着它们出现的原因。

当你用现有规则获得利益的时候,同时也被现有规则束缚。而那些不是规则受益者的人被排斥在规则之外。反正他们一无所有,不如打破现有的规则。

四、坚持是成功必备的品质

命运是不可捉摸的,开始走得好不代表一直走得好。谁能笑到最后,谁能笑得更久,谁都不清楚。或许是运气在作怪,开始的无奈选择可能变成你成功的基础。

成功有很多原因。我们听到最多的就是在关键时刻没有放弃。遇到了挫折不

智识升级
让你的付出有回报

放弃，把失败当成学习的机会，坚持到最后的人，皆为成功者。

你把这些观点当成认知者偏差也好，真正的道理也罢，终究大家都知道，热情和坚持皆是不可或缺的。

那么下面来了解一下那些最后成功的人是怎么坚持下来的。

大家都知道坚持很重要，同样坚持也很难，不然它就称不上坚持了。市面上有很多教你如何坚持的书，但是它们大部分都只是涉及表象，也就是皮毛之间的原因。

意志力、目标、个人管理等因素都可以帮你坚持一阵子。如果你只需要坚持一阵子来完成某些事情，那么它们足够帮助你解决问题了。

但是人生的路这么长，普通人在崛起的过程中可能一直被失败纠缠。有些方法长时间用可能就没有那么奏效了。

美国海军海豹突击队研究出一个结论：真正坚持到最后的人，不是最厉害的人，而是精神最乐观、能自己给自己鼓劲的人。

在一生这么长的赛道上，靠短期的意志力是不能走到最后的。真正能帮你走到最后的品质就是乐观。

我不知道这样的结论是否能让你满意，但是这个结果确实是一个事实。很多人不能坚持到最后，就是因为不能一直接受失败，反而在遇到困难时焦虑，到后来自己都不相信自己能熬过去，最后也就理所当然地放弃了。

而乐观的人不管遇到多大的挫折，总会告诉自己：

困难是暂时的，偶尔才出现一次，没事的，不会影响大局。这次失败不过是出现了一些不能控制的特别原因。不是我不行，只是我的运气不太好。

这就是乐观的态度，其实看起来有点像通过自我安慰来欺骗自己。遇到挫折时并不一定要马上找到原因并吸取教训，而是要先开导自己，让自己愿意继续做下去，哄自己先留下来。

最终那些乐观的人能坚持到最后，是因为他们会自我安慰，并且找到让自己坚持下去的理由。

8.3 学会选择，不走冤枉路

相信你也收到过微信视频号的内测申请。随着微信视频号逐步向用户开放，那些之前吃到微信生态红利的新媒体"大V"、视频"大V"都在鼓吹抓住微信视频号的风口，所以又有一波新人涌入了微信视频号，不管自己有没有兴趣，都要先把坑占好。当然也有很多人视而不见，觉得这只是一个噱头，与自己无关。

我们看以前抓住微信公众号风口的那些人，现在已经享受到了正确决策的甜头，收入翻了几番，而没有抓住机会的人，时不时就叹息自己曾经错过了这个机会。

我有一个朋友在2014年申请过微信公众号。当时她只是觉得好玩，后来因为工作忙，长时间没有登录，账号就被收回去了。那个时候的微信公众号都是有留言功能的，而且那个时候做微信公众号红利会更多一些。不像现在申请的微信公众号都没有留言功能。现在朋友看着别人靠着新媒体开公司，赚到了令她无法想象的钱，不由得感叹道："当时我要是决定努力一把就好了，说不定现在我就是富婆了。"

可见，在人生的重大关口上，决策至关重要。而我们总是在小事上倾尽全力做选择，却在大事上含糊而过。

还有，很多人普遍不会处理大钱，但是对小钱充满了感觉。我们沉迷于各种打折，痴迷于菜市场中的讨价还价。如果老板一根葱跟我们要5毛钱，我们可能

智识升级
让你的付出有回报

气呼呼地嚷道："这么贵，要是别的老板就送我啦。"这个超市的香蕉每斤卖3.6元，而另一个超市便宜7毛钱，但是要多花10分钟路程。我们驱车去那家超市买到了便宜的香蕉，还为自己的机智而感到沾沾自喜。

我们会对眼前的小钱历历在目，但是对大钱——如处理摆在眼前的100万元这件事情，却不大清楚。

即使是一些公司老板也会犯这样的错误。我以前的老板就是，为了办公室里的一把椅子买贵了而生气，但到了办活动的时候白白砸进去几万元却没什么反应。

这说明我们所有的聪明、机灵，其实只会处理小钱，当一大笔钱摆在我们眼前时，就不会分配了。这也映射出我们只会处理生活中的小事，遇到大事就会犯糊涂了。

我们常常面临一些人生的大问题，诸如大学专业该选什么、毕业后是选择创业好还是考研好、我现在该不该结婚……一到关键时刻，我们就失去了该有的理智和耐心。有多少人是因为一时激动，就做了后悔的决定。

大家都知道要好好做决策，而在做好决策这条路上也会遇到许多问题。

我们经常遇到的一个问题就是不断纠结。脑袋里有无数个声音在敲打自己，总是一会儿想到这个，一会儿想到那个，犹豫不决。这个时候我们的大脑往往已经失去了思考的作用，全然投入纠结、担忧、焦虑的状态中。这必然会错失决策的最佳时期。

我们经常遇到的另一个问题就是，自己在做决策的时候，往往容易一股脑儿地钻进最容易想到的几个备选方案里，而忽视了其实还存在别的更好的选择。就拿毕业而言，我们不只有工作、考研这两条路，还可以选择出国留学、创业……

这两个问题就像两座大山阻碍着我们做选择。这里有一个好的决策方法。其实科学决策的规律都是相通的，我们可以把它分为3个环节。

第一个环节，列出自己手上的所有选项。

第二个环节，研究每个选项的价值并排列出来，最后选择价值最高的那个。

第三个环节，在执行的过程中根据实际情况进行调整。

当然这是大方向。每个人在做决策时都会遇到许多问题，不是一时没有想起来，就是不理智。我们在面对不可预知的未来时不仅会害怕，还会出现认知偏差，最终导致选错方向。

下面我来详细说一下这3个环节。

第一个环节，列出自己手上的所有选项。

上面说过，我们在做决策时总是会想到最容易想到的那几个方案，而忽视了其实还有更好的选择。这个问题其实很好解决。只需要冷静下来，找张纸，一字一句地把自己心中的所有选项都写在纸上。当然也可以选择画思维导图，那样可以更加直观地将方案摆在面前，一目了然。

千万不要觉得一些事小，没什么影响，就不写下来。这样的话，一旦遇到大事，由于没有练习的经验，就会出现小事不写、大事不知道怎么写的情况。

要知道，我们之所以不善于做决策，就是因为缺少决策的机会。相信我，多练习，从小事练习，以后上手更快。

如果是团队决策，那建议采用"头脑风暴"法，引导每个人说出自己的想法，不管大小、好坏，哪怕是不靠谱的也可以提出来。因为可能一个小小的想法就能恰好启发团队找到更好的思路。

在面对重大、复杂的事务时，我们也可以专门请一些外行人参与，以便跳出固有思维，获得更多的奇思妙想。

但是，并不是所有外行人都有用。密歇根大学的复杂性理论和社会科学专家斯科特·佩奇在《多样性红利》和《模型思维》这两本书中提到，我们在做决策的时候一定要聆听多样性的建议。不过，这个多样性一定要是视角和思维模型的多样性，而不是利益诉求的多样性。我们要的是一群来自各个圈层、为了一个共同的目标走到一起的决策参与者。

比如，政府要在城市修一个公园，选择的地方有A和B。这个时候我们请来

智识升级
让你的付出有回报

参与决策的人就不能是相互之间有利益冲突的人，如一半人住在 A 附近，另一半人住在 B 附近。这个时候他们往往会为了让公园建在离自己近的地方而争吵起来。这样的决策过程就会变成一群人对另一群人的打压。

第二个环节，研究每个选项的价值并排列出来，最后选择价值最高的那个。

如果我们做了充分的考虑，那选项背后的价值就更容易凸显。我们要把那些不合适的选项一个个删掉，最后选择最有利的那个。这时需要我们做到理性。

但是，在这一步，决策者常常因为自身的认知差异而非理性地、强烈地倾向于某个选项，或者强烈地排斥某个选项。这时，我们必须强迫自己听进去不同的声音，而不是把自己围困在茧房中，让周围都是自己想听见的声音。最好的办法就是找一些人让他们专门提不同的意见。

看过《奇葩说》节目的人都知道，它每期都会出一个辩题，让两队人选择正面和反面进行辩论。每次交锋，都是思维大爆炸，提供了很多不一样的想法。

如果你也有这样一群人给你提反面的观点，那将是一件非常好的事。我相信这样你也不会一意孤行下去。如果你能找到充分的理由说服这些反对者，那你的决策才算是成熟的。

但就算这样，你也不能肯定那个决策就一定是对的。因为未来有不确定性，决策中总是包含预判，甚至可以说是赌博的成分。

但是，我们所处的这个世界还是存在逻辑的，未来并非完全不可预测。大家可以多参考一下别人在做类似事时的经验，那些经验就是我们决策的养分。

第三个环节，在执行的过程中根据实际情况进行调整。

有些人真的不知道是不忘初心，还是一根筋。他们一旦下了决心去做一件事，就会一条道走到黑，要他们调整方向就跟要他们的命一样，他们认为自己调整了方向就说明自己失败了。

撒切尔夫人有句名言——阁下想转弯就转弯吧，本夫人是不转弯的。但实际情况是，如果你不转弯，你就翻不过这座山。

第八章
登上成功之巅

未来会有不确定性，这是我们不得不承认的。这个时候调整决策，其实并不代表失败，相反，这是科学决策的必要过程。

就拿我的一个朋友来说。他因为和领导不对付，所以想跳槽去一家更好的公司。但是在提交辞呈的前一刻，他突然听到消息，原来的领导被调职了，接任的是一位他敬仰很久的"大佬"。在这种情况下，他就完全没有必要跳槽了。

但是，也不能一有风吹草动就改变自己的决策，从来不坚持自己的决策也是不行的。执行的过程有时就是曲折的，该咬牙坚持时就要咬定不松口。

为了能让决策更加全面、合理，更加接近真实，我们还可以做到以下几点。

第一，设立军师团和主公，各司其职。

俗话说，当局者迷，旁观者清。

熟悉三国的人都知道，曹操有一个军师智囊团。他们用自己的智慧，根据不同的视角和掌握的不同信息给出各自的意见。这样的意见往往是多样化的。我们把它们摆在一起综合判断，如果能少数服从多数，得出一致意见，那么一个优秀的决策就诞生了。

而当一群"军师"讨论得不可开交，达不成一致意见时，站在边上的"主公"就可以拍板定案了。因为无效的讨论已无意义，还是得有一个最终决策者拍板。这个角色就是主公。

第二，把决策过程和决策结果分开。

领导通常只看结果，不看过程。但是对于决策，我们可就不能这样了。前面说过未来具有不确定性，正确决策不一定带来好的结果，错误决策也不一定带来坏的结果。这不是绝对的正反两面。所以，我们不能根据结果的好坏评价决策的水平高低。

失败了就追究责任是低级的做法。高级的决策者追求的不是每次都赌赢，而是创建一个让赢的概率大于输的概率的科学决策系统，让自己做时间的朋友。

第三，把决策贡献和决策者的身份分开。

智识升级
让你的付出有回报

　　不能因为一个人的身份低微，就不看重他的发言或不让他发言。在决策面前，理应做到一视同仁，百花齐放。

　　团队文化能够影响决策的水平，只要一群人都能全力以赴，把事情做好就可以了，不用太考虑结果会如何。毕竟人心齐，泰山移。有句话我特别赞同，决定命运走向的，可能就是屈指可数的几次选择。而这些选择最终的结果累加构成了我们的人生。

8.4 不会分配精力实在是太痛苦了

李笑来在《把时间当作朋友》一书中曾说过:"每个人每天都是 24 小时的固定时长,决定产出的,不是某个时间做了什么,而是做成了什么。"

这就好比我们参加了一场长达 5 小时的会议,中间也没有休息过。我们从头到尾都在聚精会神地听参与者的讲话,哪怕一个微小的细节也不想错过。但当会议进行到下半段时我们会发现,虽然我们想努力地参与进去,但自己的注意力还是很难集中,甚至可能连别人讲的长句子也很难理解。

这场会议最后的效果可想而知,但这不是管理时间就能控制的。因为影响这场会议效果的是我们的精力。

还有一个场景我们应该都很熟悉。整天都在忙碌的我们在工作前会给自己制定很多任务,做一会儿这个,忙一会儿那个,试图把一些额外的事情从自己的待办事项中剔除。但结果往往是,在这一天快要结束的时候,我们最重要的工作却还没有完成。

其实,我们在工作中忙碌和富有成效是两个概念。就像旅行和游览一样,二者的目的是不同的。

虽然看上去好像都是在游玩,但其实一个是在捕捉美好的瞬间,滋养自己的内心;而另一个就是纯粹地看风景去了,更有可能看到的是人山人海。

如果想要做事富有成效,那么我们首先要问自己这样的问题:"我想要成为什

智识升级
让你的付出有回报

么样的人？怎样做才能成为那样的人？"

虽然我们不能把所有的时间都花在追求这些目标上，但是如果我们不花时间，那肯定是达不到我们的目标的。

比如，如果我想成为一个作家，就必须花时间去写作；如果我想成为一个销售经理，那我不仅要卖东西，还要培养自己的各种相关能力；如果我想创建一个新的项目，就要花时间去做计划，提高自己的领导力。

尽管我们可能还有别的事情要做，尽管我们现在付出的精力不能马上有结果，但是我们还是要为此花费很多时间。

换句话说，如果我们想要获得长远的成就，可能我们要花大量的时间去做短时间内看不到成效的事情。这也许就是我们在生活中为自己埋下的一颗种子。只有经过足够长时间的"滋润"，未来才有可能收获满满的果实。

我们的精力是有限的，如何理智地分配精力就变得很重要了。

研究表明，面对"你今天有充沛的能量吗"这种问题，只有11%的人给出了肯定的回答。这就意味着剩下的89%的人是没有多余能量使用的，甚至很多人会感觉"仿佛身体被掏空了"。

每个人的精力不同，我们要尽量有策略地使用自己所拥有的能量。这里有一些方法帮助你做到这一点。

一、注意自己的精力

我已经不记得给自己写过多少个计划了，几乎每过两天就会给自己换个计划。写的时候信心满满，也认为自己能做到，写完了以后还会对自己点点头，就差表扬一下自己了。可是第二天从起床开始，我的时间和任务就对不上了，以至于后面的时间和任务都接不上了。然后，我就开始随着心情想做什么就做什么，拖到最后还要熬夜去完成必须完成的任务，以至于计划总是以失败告终。

后来我发现了一个问题，那就是当我做一件事情的时候，我总会跳跃性地想到别的事情。然后，我的肢体也会随着想法一起行动。这样的结果就是一会儿做做这个，一会儿做做那个。每样都做一点，但最后什么事情都没做好。

每个人在一天中精力旺盛的时间都是不一样的，有的人是早上，有的人是晚上，不是一整天都会精力旺盛。当我们把精力都浪费在了无用的事情上时，就会发现自己没有多少精力做重要的事情了，最后我们可能选择草草了事。

我们要多关注自己的精力，看看自己究竟把大部分的精力都放在什么事情上了，是否对自己有帮助。

二、明智地做一些分配计划

管理学家史蒂芬·柯维提出了四象限法则，对时间的分配做了规划。

四象限法则是指在工作中按照重要和紧急两个不同的维度，对事情进行划分。可分为四个象限：重要紧急、重要不紧急、紧急不重要、不紧急不重要。

第一象限包含的是一些重要且紧急的事情。这类事情具有时间上的紧迫性和影响上的重要性，无法回避也不能拖延，必须首先处理、优先解决。它表现为重大项目的谈判、重要的会议工作等。

第二象限不同于第一象限，这一象限的事情不具有时间上的紧迫性。但是，它具有重大的影响，对于个人或企业的存在和发展，以及周围环境的建立与维护具有重大的意义。

第三象限包含的是一些紧急但不重要的事情。这些事情很紧急但并不重要，因此这一象限的事情具有很大的欺骗性。很多人在认识上存在误区，认为紧急的事情都显得重要。实际上，像无谓的电话、附和别人期望的事、打麻将三缺一等都不重要。这些不重要的事情往往因为紧急，会占据人们很多宝贵的时间。

第四象限的事情大多是一些琐碎的杂事。没有时间上的紧迫性，也并不重要。

这类事情与时间的结合纯粹是在扼杀时间。发呆、上网、闲聊、游逛等就是终日无所事事的人的生活方式。

所以，我们在做计划的时候，最好能把这四个象限考虑清楚，避免不必要的浪费时间的情况。

三、注意规划分配方向

在我的计划表里，有关工作时间内的休息时间规定得特别清楚。我每过一小时就休息15分钟。而且，我在计划的每项任务后，都会写明几点到几点是休息时间。

每当我休息的时候，我就会跟自己说："看看手机，放松一下大脑吧。"可是这一休息就不止15分钟了。

我们在看手机、看电视时，是很难及时停止的，有时候总感觉时间过得很快，一抬头发现可能时间已经过去一小时了。

我们不可能一边看手机，一边盯着时间。就算我们清楚自己的时间，也可能会告诉自己再玩10分钟吧，不要紧的。然后，只有我们自己知道那何止是延长了10分钟。

像这种很难让我们停下来的行为，不如一开始就把它"扼杀在摇篮里"。只要不存在那个开始的过程，就不会出现中途停不下来的情况了。

所以，我们与其责怪自己没有按时完成自己制订的计划，还不如静下心来想一想如何能更好地把精力分配到重要的事情上。我们要学会正确地分配精力，使我们的效率最大化。

8.5　只有放下过去，才能拥抱未来

有一次，我和朋友下班去吃麻辣火锅。等菜上齐了，我们发现这家店的肉卷和青菜一点都不好吃。

我和朋友说："我们走吧，这家店不好吃。"

朋友却说："那怎么行，团购券都买了。"

我说："现在走损失的是饭钱，吃完再走就损失的就是时间和心情了。"

平时我们也没少聊"沉没成本"，但是一到现实里大家还是舍不得。毕竟人们讨厌损失，对付出的成本感受特别明显。

一、让人欲罢不能的"损失厌恶"

有一次，我工作的公司要研发新工艺，如果按设想顺利完成的话，可以降低10%的成本。10人的团队用了快一个月的时间，还是没有研究出成果。我的建议是暂且搁置，但生产部门的同事觉得应该继续加大力度。

他们说："公司投入这么多金钱、时间、人力，要是现在就停下，那之前的努力不是白费了？"

我说："继续也不一定能成功，而且哪怕最终能成功，付出的代价可能也会大于收益。"

我们最终要关注的是整体成本是否划算。但大多数人忘不了沉没成本，相比

收获更在意损失。尽管具备坚持的品质很重要,但敢于承认失败更重要。

平时生活中听到很多关于沉没成本的话,诸如"钱都花了""买都买了""都已经做了那么多准备了"。

很多人讨厌损失,宁愿继续忍受,也不想让投入浪费,直到最后全部输光。他们为了减少损失的成本,却付出更大的代价。

我们总喜欢听到那些坚持到最后就是胜利的案例,但真实世界是大部分情况都是损失更多。这个道理说起来很简单,但是让人放下自尊承认失败很难。

二、不幸的人正在纠缠于沉没成本

朋友小会跟男朋友交往 3 年了,最近一年他们经常吵架、分手,和好之后又吵架,处于循环状态。我就问她:"你为什么不下决心分手?"她说,自己和男朋友都在一起 3 年了,之前投入了那么多感情,真正要分开实在舍不得。

这样的事情并不是个例,很多人都在面临类似问题。比如,自己工作了两年发现没有前途,自己结婚一年后发现不合适等。这个时候我们通常陷入两难的境地,想放手又不甘心,继续下去又烦心。

这里我要说一句实话,在现实世界里没有付出成本等于收获的情况。没有人可以保证付出就会有收获。感情如此,生活亦是如此。

在一起 3 年就不想放弃,要有个好结果;工作多年就不想白努力,要有个好事业。这些都是典型的陷入沉没成本中无法自拔的情况。那些纠缠于沉没成本的人,都是自我叙事的"奴隶"。

当我们全身心投入做一件事情时,会不知道如何放手。我们把自己的付出讲成一个故事,就觉得自己有义务继续延续这个故事,畅想故事的美好结局。最后就是放不下投入,舍不得过去,输不起自尊。

理性虽然不够面面俱到,但胜在实用,能让我们在该放弃时就放弃。毕竟地球离开谁都照转，太阳每天都照常升起。

我们往往不是不能放下，只是需要时间放下。

三、为什么明知道是错的，还要继续坚持

把投入当理由，沉没成本越大，继续的理由越充分。

最容易被沉没成本影响的案例就是炒股。没有被套过的人不是好股民。

炒股赚钱最简单的办法就是低买高卖。而大部分人决定买卖行为的依据是当初买入股票的价格。

当股价高于成本价时，就卖出手里的股票；当股价低于成本价时，又会抱着不放手。大部分股民都是这样操作的。

但我们要记住，未来只与现在有关，而与过去无关。现在的股价跟此刻该公司的状况有关，跟自己当初购买的价格无关。如果死守自己当初购买的价格，最后可能损失更多。

而大部分人之所以一直被"割韭菜"，就是因为放不下过去的价格。一只股票亏的钱越多，他们就越愿意继续持有它。这些人的内心充满了矛盾。他们在购买时做了那么多自以为有道理的分析，现在要放弃，就等于在否定过去的自己。

人们总是不愿意承认以前的想法有问题。他们宁愿让错误继续下去，这样还会显得自己的意志非常坚忍，内心的痛苦也会得到一定的抚慰。毕竟人是一种善于欺骗自己、习惯自我安慰的生物。

四、唯一重要的是现在的形势

我们有太多的决策被过去干扰，眼看着自己越陷越深。比如，已经花费两年的时间去考公务员依然没有考上，一本书读完一半发现没意思，追了半年的女孩没有结果等。有太多人跟沉没成本纠缠在一起。

我们有无数个做决策的理由，但一定不能是舍不得过去的付出。最理性的决定是无视付出的成本，转而向现实形势看齐。唯一与未来有关的就是现在。

太多人因为放不下沉没成本，而把自己锁死在困境中。而放下沉没成本的方式就是重新做决策。这里有关于解决沉没成本困扰的4个建议。

1. 未来只与现在有关，而与过去无关

沉没成本不是成本。在做决策时，不要被沉没成本干扰。

沉没本身就是过去的选择，过去和现在没有关系。因为无论我们做出什么行为，过去的成本都回不来，放不下反而会失去更多，关注现在和未来才是最优解。

2. 理性计算总成本是否划算，设定一个止损值

想做成任何事都必须付出成本，只看以前的付出会被限制思考。除了沉没成本，还有一个总成本要考虑。过去的是付出，现在和未来的也是成本。我们要理性计算总成本是否划算，当成本大于收益时，就要启动理性，立即止损。

3. 不要因为面子而死撑

太多人不是不懂这个道理，只是放不下面子。有的人认为当初自己说得那样决绝，现在放手就是打自己的脸。其实对于我们来说，脸面不值钱，活着才重要。漫漫长路，人的一生一定会经历很多次"打脸"的事情。无论之前是怎么想的，这一刻我们都要忘掉重来。正因如此，才不要惧怕"打脸"。

4. 接受矛盾，面对现实

世界上有一件可以确定的事情，那就是现实中一定会不断出现矛盾。我们之前以为的那些世间真理，转眼就会被颠覆。世界况且如此，我们一介凡人又能如何。我们能做的只有接受这个复杂、矛盾的世界，真正地面对现实。也许一个理论或方法现在看是无懈可击的，但过一段时间后，它就不再那么适用了。一旦它不再符合现实的情况，我们就要坚决地抛弃它。罗斯福曾经说过："只要能赢，自相矛盾无所谓。"